普通高等院校建筑专业"十三五"规划精品教材

# SketchUp 建筑建模教程

**丛书审定委员会**

何镜堂　仲德崑　张　颀　李保峰

赵万民　李书才　韩冬青　张军民

魏春雨　徐　雷　宋　昆

**本书编著**　吕小彪　肖本林

U0362688

华中科技大学出版社

中国·武汉

**图书在版编目(CIP)数据**

SketchUp 建筑建模教程/吕小彪,肖本林编著. —武汉:华中科技大学出版社,2017.5(2022.8重印)
普通高等院校建筑专业"十三五"规划精品教材
ISBN 978-7-5680-2978-0

Ⅰ.①S… Ⅱ.①吕… ②肖… Ⅲ.①建筑设计-计算机辅助设计-应用软件-高等学校-教材
Ⅳ.①TU201.4

中国版本图书馆 CIP 数据核字(2017)第 108855 号

**SketchUp 建筑建模教程**　　　　　　　　　　　　　　　　　吕小彪　　肖本林　编著
SketchUp Jianzhu Jianmo Jiaocheng

策划编辑:易彩萍
责任编辑:易彩萍
封面设计:张　璐
责任校对:张会军
责任监印:朱　玢
出版发行:华中科技大学出版社(中国·武汉)　　　电话:(027)81321913
　　　　　武汉市东湖新技术开发区华工科技园　　　邮编:430223
录　排:华中科技大学惠友文印中心
印　刷:武汉科源印刷设计有限公司
开　本:850mm×1060mm　1/16
印　张:17.5
字　数:368千字
版　次:2022 年 8 月第 1 版第 3 次印刷
定　价:49.80 元

# 内 容 简 介

    本书通过对各种经典的三维建筑建模实例进行分析和详细讲解,分解学习 SketchUp 工具建模的基本命令和三维建筑建模思路,深入讲解各种建模提高技巧。全书共分 11 章,第一至三章内容为 SketchUp 的基础命令,讲解简单的图例绘制。第四至七章为进阶命令,结合比较复杂的建模实例讲解高级命令。第八至十一章结合 4 种不同类型建筑建模案例,总结编者多年来在实际工程设计中的经验和指导学生参加全国大学生先进成图技术与产品信息建模创新大赛的心得,详细讲解 4 种典型建筑案例的三维建模方法和快速建模技巧,并对建模工作完成后导出建筑效果图片和后期处理进行全程讲解。

    本书结构布局合理,内容丰富,由易到难,板块分明,实例丰富,图文并茂,非常适合建筑设计、规划设计、土木设计、景观设计、室内设计等专业的学生从零学起,也适合建筑规划设计、园林景观设计、室内设计等专业人员自学使用,同时可作为各类软件培训机构的上课使用教材。

# 总　　序

　　《管子·权修》中有这样一段话:"一年之计,莫如树谷;十年之计,莫如树木;终身之计,莫如树人。一树一获者,谷也;一树十获者,木也;一树百获者,人也。"这是管仲为富国强兵而重视培养人才的名言。

　　"十年树木,百年树人"即源于此。它的意思是说,培养人才是国家的百年大计,既十分重要,又不是短期内可以奏效的事。"百年树人"并不是非得一百年才能培养出人才,而是比喻培养人才的远大意义,要重视这方面的工作,并且要预先规划,长期、不间断地进行。

　　当前,我国建筑业发展形势迅猛,急缺大量的建筑建工类应用型人才。全国各地建筑类学校以及设有建筑规划专业的学校众多,但能够既符合当前改革形势又适用于目前教学形式的优秀教材却很少。针对这种现状,急需推出一系列切合当前教育改革需要的高质量优秀专业教材,以推动应用型本科教育办学体制和运作机制的改革,提高教育的整体水平,并且有助于加快改进应用型本科办学模式、课程体系和教学方法,形成具有多元化特色的教育体系。

　　这套系列教材整体导向正确,科学精练,编排合理,指导性、学术性、实用性和可读性强,符合学校、学科的课程设置要求。以全国高等学校建筑学学科专业指导委员会的专业培养目标为依据,注重教材的科学性、实用性、普适性,尽量满足同类专业院校的需求。教材内容上大力补充新知识、新技能、新工艺、新成果;注意理论教学与实践教学的搭配比例,结合目前教学课时减少的趋势适当调整了篇幅。根据教学大纲、学时、教学内容的要求,突出重点、难点,体现了建设"立体化"精品教材的宗旨。

　　这套系列教材以发展社会主义教育事业、振兴建筑类高等院校教育教学改革、促进建筑类高校教育教学质量的提高为己任,为发展我国高等建筑教育的理论、思想,对办学方针、体制,教育教学内容改革等进行了广泛深入的探讨,以提出新的理论、观点和主张。希望这套教材能够真实地体现我们的初衷,真正能够成为精品教材,受到大家的认可。

中国工程院院士

# 前　言

　　SketchUp 软件是目前建设领域设计师应用最多的三维建模软件,广泛使用于建筑设计、规划设计、景观设计、室内设计等行业。SketchUp 是一种直接面向设计过程的三维建模工具,其建模过程在充分表达设计思想的同时还能提供与客户直观交流的三维表达工具,非常方便建设领域设计人员使用。

　　编者通过细心研究和总结多年来的工程设计经验和指导学生参加全国大学生先进成图技术与产品信息建模创新大赛的心得,采用针对不同类型建筑实例的三维建模方法进行详细讲解的方式,以期将 SketchUp 建筑建模的方法和技巧讲解得清晰透彻,让读者学起来更加轻松。

　　本书全面系统地介绍了 SketchUp 工具建模的基本命令和三维建筑建模思路,深入讲解各种建模提高技巧。全书共分 11 章,在介绍基本建模工具和辅助建模工具之外,还详细讲解了组和组件工具的运用技巧,以及建模完成后的材质与贴图、渲染与动画制作方法。此外还介绍了建模过程中 SUAPP 插件的运用技巧,旨在提高三维建模速度。在此基础上,本书详细介绍了平屋顶小别墅建模、坡屋顶小别墅建模、教学楼建模、体育馆建模 4 种典型建筑案例的三维建模方法和建模过程。编写时力求给读者一个完整的三维建模技术体系概念,开拓读者的三维建模技术思路。

　　本书由湖北工业大学吕小彪、肖本林编著。李研、韩啸霖、左方圆、朱子路、王婵、王雨、宋文恒、万伟民等同学参与本书案例建模和图片整理,谨此一并表示衷心的感谢!

　　由于时间紧迫,加之编者水平所限,书中难免有疏漏和不足之处,敬请各方面专家和读者批评指正。

编　者

2017 年 3 月

# 目　录

# 第一章　SketchUp 简介

【知识目标】
- 了解 SketchUp 的基本功能。
- 熟悉 SketchUp 的基本操作界面。
- 了解 SketchUp 的应用领域。

SketchUp 是 Last Software 公司开发的一款极易掌握的三维建模软件,被誉为电子设计中的"铅笔"工具。SketchUp 的使用界面简洁,操作命令简单,可以轻松实现对三维模型的创建和修改。2006 年 3 月,Google 公司将 Last Software 公司及其 3D 绘图软件产品 SketchUp 收购,让用户可以利用 SketchUp 创建 3D 模型,并放入 Google Earth 中,使 Google Earth 所呈现的地图更具有立体感,更接近真实世界,由此使得 SketchUp 在城市规划与建模仿真、建筑设计与建模仿真、园林景观设计与建模仿真、城市三维导航等各个领域的应用得到极大的拓宽。

SketchUp 是目前建筑建模领域应用最广泛的工具软件之一。其中最重要的改进是对于建模环境(Modeling in Context)的优化,可以调用 Google Earth 中建筑周边的 3D 环境资源。这样既可以细化地形模型,获得从 Google Earth 中调入的精确模型,又可以从 Google Earth 或者 3D 模型库里调入大量的模型素材供使用。

## 1.1　SketchUp 建筑建模概述

SketchUp 是一款直接面向三维建筑设计方案创作的设计工具,其创作过程不仅可以充分表达设计师的思想,使设计师可以快速地将自己的构思直接反映在计算机上,而且也完全满足设计师与客户即时直观交流的需要。在 SketchUp 出现之前,建筑师一直主要使用手绘草图的方式推敲建筑方案,虽然我们可以利用计算机辅助设计的便利,但三维建模软件操作较复杂,缺乏一种拥有友好界面的软件,来方便设计师将设计思想和三维建模紧密结合。SketchUp 将人脑直观的发散型思维和计算机准确的数据信息结合起来,图标简单,操作方便。在 SketchUp 中建立三维模型甚至比我们使用铅笔在纸上作图还要简单,SketchUp 本身能自动识别线条,加以自动捕捉。这种建模流程简单明了,即画线成面,再挤压成型,使建筑建模和建筑方案设计构思过程结合得更方便。

SketchUp 凭借着轻便灵活性,在建筑设计和设计教学中产生了三大优势。

(1) SketchUp 使建筑师从一开始就可以以三维模式进行建筑方案草案的设计,使得建筑师对建筑体形推敲得非常充分。以往有大量三维扩展功能的软件的设计概念形成主要从平面布置入手,再进入建筑体量与空间的设计。即使是建筑信息模型的主要工具软件 Revit,使用者也需遵从其固有的平面到三维的软件基本构架,思考仍然基于平面,然后再进入三维模式中。

(2) SketchUp 是一款注重设计创作过程的软件,目前在行业内广受欢迎,世界上所有具有一定规模的建筑工程企业或大学几乎都已采用。设计师在方案创作中使用图板和 CAD 时的繁重工作可以被简洁、灵活与功能强大的 SketchUp 大量精简。同时,也适合师生之间的设计过程教学交流,因此对设计教学有很大的便利性。

(3) SketchUp 直观而简约的操作可以在业主与建筑师之间搭接起沟通的桥梁。建筑师可以边操作边演示,当面向业主演示方案的生成过程和讨论方案的多种可能性。SketchUp 表现的建筑三维形象清晰明了,可以通过简单方便的途径生成反映设计概念的照片级立面效果图和内部剖视图。如果使用者的建筑建构概念清晰,可以在建筑方案设计阶段就进行较深入的空间组合、结构体系、表皮材料与构造等推敲分析,这些推敲分析以三维透视图的形式进行,更加接近人视角度对建筑的体验结果。

当然,SketchUp 模型的基本构成元素是无厚度的三角形薄片,缺乏复杂的可编辑属性,在转入二维环境进行矢量化编辑时与工程制图要求相去甚远。所以,它和建筑信息模型(Building Information Modeling,BIM)的要求有较大差距,建立反映对象建筑空间的精确构件建构信息的建筑信息模型,我们需要使用 Revit 等工具软件来实现。

## 1.2　SketchUp 的功能特点

SketchUp 之所以能够全面地被建筑设计、城市规划、园林景观等诸多设计领域接受并广泛应用,主要有以下几种区别于其他三维建模软件的特点。

**1. 独特简洁的界面风格**

在 SketchUp 中,几乎所有的常用命令和工具都以图形化的方式显示在操作界面中。这种独特简洁的设计使得用户可以迅速找到所要使用的工具,并在很短的时间内掌握完成设计所需要的各种基本操作,如图 1-1 所示。

**2. 高效快捷的操作方式**

在操作方式上,SketchUp 软件"画线成面、推拉成体"的操作方法极为简便。在软件操作过程中不需要频繁切换视图,利用软件自带的智能绘图工具,直接在三维界面中绘制二维图形,同时能轻松转化成三维立体模型。使用者摆脱了乏味、枯燥的传统绘图方法,并大大简化了设计工序,使设计师在建模时能够更加专注于设计方案本身。

**3. 直观实用的多种显示效果**

在使用 SketchUp 进行三维设计时,可以直观地实现"所见即所得",使用者绘制的图形在设计过程中的任何阶段都可以作为直观的三维模型成品来观察,如图 1-2 所示。

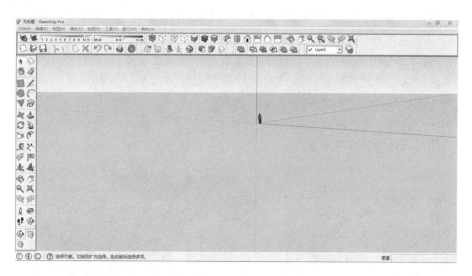

图 1-1　**SketchUp 的基本操作界面**

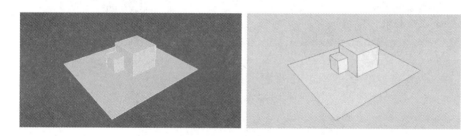

图 1-2　**不同显示模式下的同一中间阶段模型**

同时 SketchUp 有多种不同的显示模式可以选择,以便在不同情况下都可以按照场景需要简单直观地反映模型。此外,SketchUp 可以快速生成模型任何位置的剖面视图,便于我们清晰直观地观察到建筑物的内部结构,如图 1-3 所示。

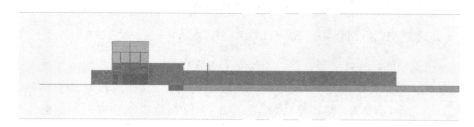

图 1-3　**剖面模型**

### 4. 全面的软件支持与互转

设计师往往会根据制作需要综合运用多个辅助设计软件来表达自己的思想。SketchUp 能够与许多辅助设计软件协同工作,通过导入、导出功能生成或编辑扩展名为 dwg、dxf、jpg 和 3ds 的格式文件。能够完美对接 Rhino、3ds Max 等建模工具,尤其是结合 V-Ray、Piranesi、Artlantis 等渲染器展示出多种风格的模型。

**5. 丰富的表现手段**

在 SketchUp 中,设计师可以从多角度观察和展示模型效果,而且可以根据建筑物所在的区域和时间来精确定位日光照射和阴影效果,如图 1-4 所示。设计师可以在场景中进行尺寸标注和文字标注,而产生的标注将根据当前视图角度进行自动变化并始终朝向观察者。同时 SketchUp 还提供场景保存、场景动画漫游功能,可快速清晰地体现设计师的意图及思想。

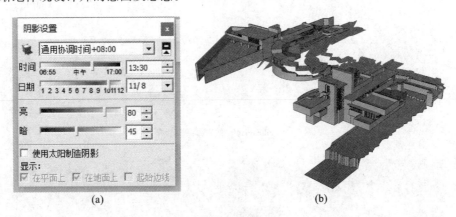

(a)　　　　　　　　　　　　　　(b)

图 1-4　阴影效果

(a) 阴影设置;(b) 阴影设置效果

## 1.3　SketchUp 的应用领域

SketchUp 作为一款设计师可以直接在计算机上进行十分直观构思的优秀软件工具,应用领域除了建筑设计、城市规划、景观设计、室内设计之外,还包括产品工业造型、游戏角色和游戏场景开发等非空间设计领域。

### 1.3.1　建筑方案设计中的 SketchUp

SketchUp 是目前建筑方案设计阶段的建筑师首选软件,从前期场地地形的构建,到建筑大概形体的确定,再到建筑造型及立面设计,这个阶段只需要将设计师的想法(包括空间、体量、颜色等)大致表现出来,而不是非常精准地做出施工图效果,SketchUp 能够快捷地实现三维建模目的,如图 1-5 所示。此外,在建筑内部空间推敲、光影、日照分析、色彩及材质分析、动态漫游等方面,SketchUp 都能直观显示。

### 1.3.2　城市规划中的 SketchUp

SketchUp 在城市规划中的最大优势是其直观便捷的建模实现能力,不管是宏观

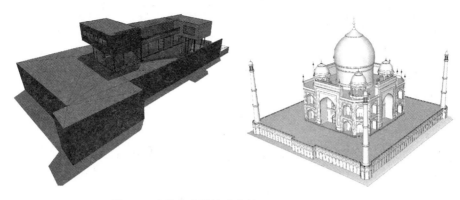

图 1-5　建筑方案设计阶段的 SketchUp 建模成果

的城市空间形态规划,还是相对较小、微观的详细规划设计,都能够通过 SketchUp 辅助建模提高规划编制的合理性。特别是在规划设计工作的方案构思、规划互动、设计过程与规划成果表达、感性择优方案等方面,能够解放设计师的思维并大大提高其工作效率。如图 1-6 所示为结合 SketchUp 构建的规划场景三维模型。目前, SketchUp 被广泛应用于概念规划、控制性详细规划、修建性详细规划、城市设计等不同类型规划项目中。

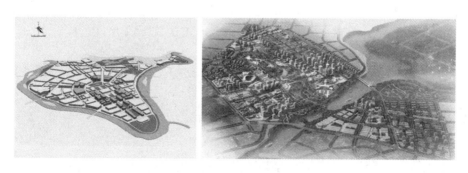

图 1-6　城市规划中的 SketchUp 建模成果

### 1.3.3　景观设计中的 SketchUp

从园林景观设计的角度来说,SketchUp 在构建地形高差等方面可以生成直观效果图,并且拥有丰富的景观材质库和强大的贴图功能,可以视为专门针对景观设计过程而研发的一款专业软件,它的引入大大提高了景观设计的工作效率和成果质量。如图 1-7 所示为使用 SketchUp 创建的表现景观设计视觉效果的三维模型。

图 1-7　景观设计中的 SketchUp 建模成果

### 1.3.4　室内设计中的 SketchUp

SketchUp 能够通过三维的室内建模表达,在已知的户型图基础上快速建立三维室内模型。设计师可以在模型中添加门窗、家具、电器等组件,并且附上地板和墙面材质,启动照明,从而快速逼真地展现自己的设计构思,如图 1-8 所示。

图 1-8　室内设计中的 SketchUp 建模成果

### 1.3.5　其他设计领域的 SketchUp 应用

SketchUp 目前在工业设计(如机械设计、展示设计等)和动漫设计等领域的应用越来越广泛,因其建模工作的便捷、高效越来越受到设计师的普遍欢迎,如图 1-9、图 1-10 所示。

图 1-9　工业设计中的
SketchUp 建模成果

图 1-10　动漫设计中的
SketchUp 建模成果

## 【本章小结】

| | |
|---|---|
| SketchUp 建筑建模概述 | 1. SketchUp 的技术特点。<br>2. SketchUp 在建筑建模中的优势。 |
| SketchUp 的功能特点 | 1. SketchUp 的操作界面。<br>2. SketchUp 的显示效果。<br>3. SketchUp 的表现手段。 |
| SketchUp 的应用领域 | 1. 建筑设计中的 SketchUp。<br>2. 规划设计中的 SketchUp。<br>3. 景观设计中的 SketchUp。<br>4. 室内设计中的 SketchUp。<br>5. 其他设计中的 SketchUp。 |

## 【思考题】

1. SketchUp 在建筑建模中有哪些技术优势？
2. SketchUp 为建筑设计行业提供了哪些优秀的表现手段？
3. SketchUp 在设计领域有哪些应用？

## 【练习题】

熟悉 SketchUp 软件的操作界面。

# 第二章  SketchUp 的基本操作

【知识目标】

■ 熟悉 SketchUp 的工作界面。

■ 掌握优化工作界面的设置。

■ 熟悉常用快捷键,掌握快捷键的设置方法。

■ 熟悉文件管理工具。

■ 掌握常用绘图命令与常用编辑命令。

## 2.1  SketchUp 的工作界面

### 2.1.1  初始界面

安装好 SketchUp 后,首先点击软件图标打开 SketchUp,弹出的是 SketchUp 8.0的使用向导,如图 2-1 所示。单击右上方的"选择模板",弹出系统默认的模板类型,如图 2-2 所示。选择"建筑设计-毫米"模板,单击右下方的"开始使用 SketchUp"按钮,即可启动 SketchUp 程序。

图 2-1  使用向导  图 2-2  选择模板

### 2.1.2  工作主界面

完成模板选择后,进入 SketchUp 看到的就是初始工作主界面,主要由标题栏、菜单栏、工具栏、绘图区、状态栏、数值控制框、窗口调整柄构成,如图 2-3 所示。

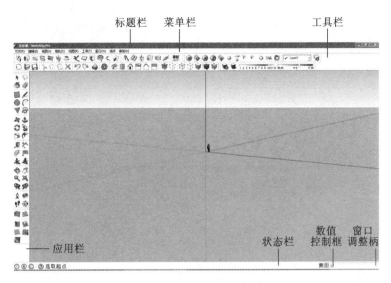

图 2-3　工作主界面

**1. 标题栏**

标题栏位于工作主界面的上方蓝色边框内，显示的是 SketchUp 建模文件的名字，初始状态显示为"无标题"。

**2. 菜单栏**

菜单栏在标题栏下面，默认菜单包括"文件""编辑""视图""相机""绘图""工具""窗口""插件"和"帮助"9 个主菜单。

**3. 工具栏**

工具栏左边的应用栏属于自选工具，是用户自定义的常用工具。在菜单栏中选择"视图"→"工具栏"命令，可以看到里面有多个分类工具，我们通过勾选，可以自行控制各项工具的开启与关闭，如图 2-4 所示。

**4. 绘图区**

绘图区是窗口的主要区域，这里既是视图窗口同时也是编辑窗口。绘图区的三维空间通过绘图轴标识别，即三条互相垂直且颜色不同的直线，代表 $x$、$y$、$z$ 三个方向，分别被称为红轴、蓝轴、绿轴。如果需要隐藏轴线，可以在任意轴线上单击鼠标右键，在弹出的菜单中点击"隐藏"命令即可，如图 2-5 所示。如果需要恢复轴线，在菜单栏中勾选"视图"→"轴"命令即可恢复。

**5. 状态栏**

状态栏在绘图窗口的下面，主要用于命令的描述。窗口左端显示命令提示和状态信息，这些信息会随着绘制对象的改变而改变。

**6. 数值控制框**

状态栏右边是数值控制框，显示绘图对象的尺寸信息，也可以通过输入数值来控制尺寸、数量等，数值的单位也可以根据需要设定。

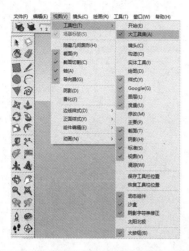

图 2-4　工具栏的设置　　　　　　　图 2-5　坐标轴隐藏

**7．窗口调整柄**

数值控制框的右下角就是窗口调整柄,通过拖动窗口调整柄可以调整窗口的大小。

## 2.2　优化工作界面的设置

一个良好的工作界面会极大地改善建模工作状态,提高建模工作效率。因此设置一个方便简洁的工作界面,是 SketchUp 准备中必不可少的环节。

执行"窗口"→"模型信息"命令,打开"模型信息"管理器。可以对选项面板上提供的尺寸、单位、地理位置等信息进行编辑。

### 2.2.1　模型信息选项设置

**1．尺寸和单位**

在"尺寸"设置面板中,可以设置模型的字体大小及颜色、尺寸标注等样式,如图2-6 所示。

在"单位"设置面板中,可以设置文件默认的长度单位和角度单位,如图 2-7 所示。系统默认建筑设计模板的单位是毫米,如果要更改为其他单位,可以在"模型信息"的"单位"面板上重新设置。

**2．动画**

"动画"面板用于设置页面切换的过渡时间和场景,如图 2-8 所示。

**3．统计信息**

在"统计信息"面板中,可以统计当前场景中各种元素的名称和数量,并清理未使用的组件、材质和图层等多余元素,可以大大提高计算机运算速率,如图 2-9 所示。

**4．文本和文件**

"文本"能够对全屏幕文本做出尺寸及颜色调整,如图 2-10 所示。"文件"面板包

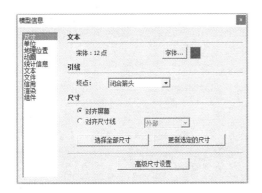

图 2-6　"尺寸"选项设置

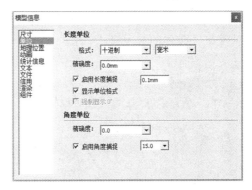

图 2-7　"单位"选项设置

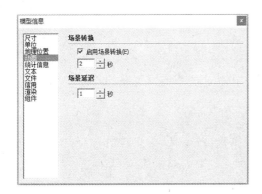

图 2-8　"动画"选项设置

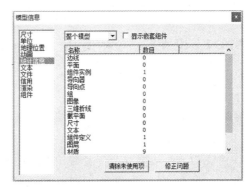

图 2-9　"统计信息"选项设置

含了当前文件所在位置、使用版本、文件大小和注释,如图 2-11 所示。

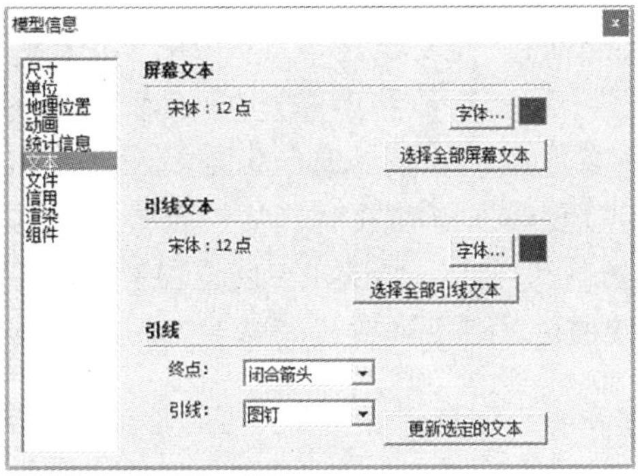

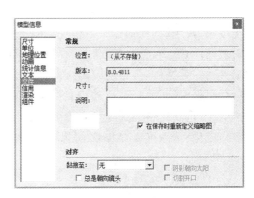

图 2-10　"文本"选项设置

图 2-11　"文件"选项设置

**5. 渲染和组件**

"渲染"面板用于提高纹理的性能和质量,如图 2-12 所示。"组件"面板用于设置调整组件时候的显示模式,如图 2-13 所示。

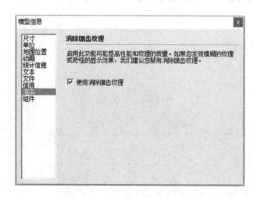
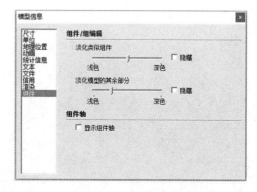

图 2-12  "渲染"选项设置         图 2-13  "组件"选项设置

## 2.2.2  设置系统使用偏好

执行"窗口"→"使用偏好"命令,可以对一些默认的系统设置进行调整,方便模型的操作。

**1. OpenGL**

OpenGL 是 SketchUp 软件专业的 3D 程序接口,勾选"使用硬件加速"和"使用快速反馈"选项,可以充分发挥显卡等硬件的加速性能,加快 SketchUp 反应速度,提升 SketchUp 的工作效率。"使用最大纹理尺寸"强化了 SketchUp 对材质纹理的控制力,可让 SketchUp 使用显卡支持最大贴图尺寸。但是勾选此项会导致计算机显卡负荷增加,从而导致显示速度下降。在"能力"一栏里有多个级别的 SketchUp 消除锯齿的能力选项,如图 2-14 所示。

**2. 常规**

在"常规"选项面板中,可以对文件进行自动保存、修复设置以及 SketchUp 软件更新等设置。勾选"创建备份"以及"自动保存",SketchUp 会隔一段时间自动生成一个自动保存文件,与当前编辑文件保存于同一文件夹。可以根据自我需要设置自动保存间隔时间。勾选"自动检查模型的问题",可随时发现并及时修复模型中出现的错误,该选项组中的选项可以全部勾选。在"场景和样式"中勾选"在创建场景时警告样式变化"选项可以在每次创建场景时都弹出提示,使用时建议勾选,如图 2-15 所示。

**3. 快捷**

在"快捷"选项模板上,SketchUp 默认设置了部分命令的快捷键,使用者可以自行修改,如图 2-16 所示。在功能列表框内选择需要设置的快捷键命令,然后在右侧查看和更改快捷键。

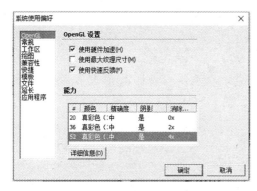 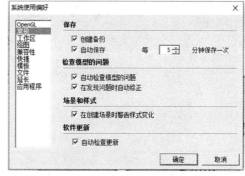

图 2-14　"OpenGL"选项设置　　　　　图 2-15　"常规"选项设置

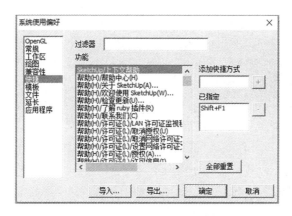

图 2-16　"快捷"选项设置

## 2.2.3　快捷键的设置

### 1. 添加快捷键的方式

打开"系统使用偏好"选择"快捷"方式,在"功能"列表中选择"工具(T)/推/拉(P)"选项,在"添加快捷方式"文本框中输入大写字母"P",单击右侧按钮即可,如图2-17 所示。

### 2. 修改快捷键的方式

打开"系统使用偏好"选择"快捷"方式,在"功能"列表中选择"工具(T)/推/拉(P)"选项,此时在"已指定"中可以看到设置的快捷键"P",单击右侧按钮删除即可,如图 2-18 所示。

### 3. 快捷键的导入和导出

我们使用 SketchUp 软件绘制图形时,可以将外部的 SketchUp 模型、图片等导入到我们当前绘制的图形中,也可以将已经绘制好的图形导出为二维图形或三维图形。当然首先需要我们熟练使用"导入""导出"命令。下面我们就用简单的实例来细致讲解。

图 2-17  添加快捷键          图 2-18  修改快捷键

在"快捷方式"选项卡中单击"导出"按钮,再在"输入预设"对话框中单击"选项"按钮,然后在弹出的"导出使用偏好选项"对话框中选择"快捷方式"和"文件配置"复选框,最后指定文件名和保存路径,即可保存为一个 dat 格式的预置文件,该预置文件包含了当前所有的快捷键设置。

要导入快捷键时,在 SketchUp 中打开"系统使用偏好"对话框,选择"快捷方式"选项卡,首先单击"全部重置"按钮重置快捷键,再单击"导入"按钮,选择前面保存的 dat 格式的预置文件,单击"确认"按钮确认导入即可,如图 2-19 所示。

图 2-19  快捷键的导入和导出

## 2.3  文件的导入和导出

文件菜单,主要涉及一些与 SketchUp 文件有关的基本操作。常用的有"新建""打开""保存""另存为"以及"导入""导出"等命令,如图 2-20 所示。其他命令相对简单,现在主要介绍一下"导入"和"导出"命令。

### 2.3.1 导入文件

首先,打开一个 SketchUp 空白文档,然后单击"文件"命令,就可以找到"导入"命令了,如图 2-20 所示。

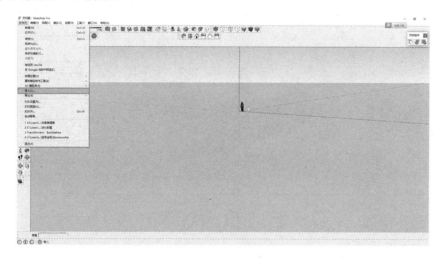

**图 2-20 导入文件**

单击"导入"命令后,桌面上会弹出一个名为"打开"的对话框,选择需要导入的文件。一般情况下,SketchUp 绘图中我们能导入的文件有 dwg、dxf、eps、pdf 等格式的图形文件、扩展名为 skp 和 3ds 的三维模型文件和扩展名为 jpg、psd、png 等的图片文件,如图 2-21 所示。

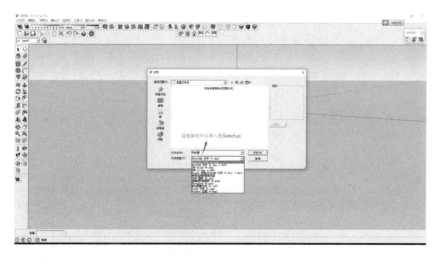

**图 2-21 导入文件格式**

例如,我们单击 SketchUp 主界面中的"文件"命令,打开名为"导入"的对话框,在硬盘中找到我们需要导入的图片,单击"确定"即可将图片导入到我们的绘图状态中,如图 2-22 所示。同理,我们经常会将 CAD 中编辑好的图形导入到 SketchUp 中,进行建模,用上述方式就可以完成操作了。

**图 2-22　导入 SketchUp 的图片**

### 2.3.2　文件的导出

使用 SketchUp 的导出文件功能,可以对建好的三维模型(skp 文件)导出三维模型(max 文件)、二维图形(dwg、dxf、jpg 文件)、剖面、动画等文件。其中输出三维模型和二维图形时,可以在选项设置中调整导出图片的质量,具体选项分别如图 2-23、图 2-24 所示。

**图 2-23　导出三维模型选项设置**

**图 2-24　导出二维图片选项设置**

# 2.4　选择和擦除工具

## 2.4.1　选择工具

选择工具主要配合其他命令使用，可以选择单个或多个线条和模型。

**1. 选择线**

单击菜单栏里的选择工具 ，或者按空格键将其激活，此时在视图中出现箭头图标，单击视图上任意一条线，线呈蓝色则选中了这条线。按住 Ctrl 键可以选中多条线；按住 Shift 键可以取消选中的线，如图 2-25 所示。

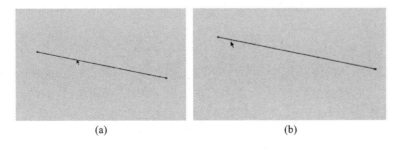

　　　　　　　(a)　　　　　　　　　　　　　　　　　(b)

**图 2-25　线的选择**

（a）Ctrl 键点选线；（b）Shift 键取消点选线

**2. 选择面**

单击选择工具 ，单击视图中任意一个面，面呈布满蓝色小点状态即为选中当前面，如图 2-26 所示。按住 Ctrl 键点选，可以选中多个面；按住 Shift 键点选，可以取消选中的面。如果要选择模型中的所有可见物体,除了执行"编辑"→"全选"菜单命令外,还可以使用 Ctrl+A 组合键。

Ctrl 键和 Shift 键可以用来配合选择键进行扩展选择:按住 Ctrl 键,选择工具将变为增加选择状态(指示箭头显示"+"号);按住 Shift 键,选择工具将变为反选,再次选择已选择的图元将会取消选择,选择未被选择的图元则会被选中;同时按住 Ctrl键和 Shift 键则可以变为减少选择状态。

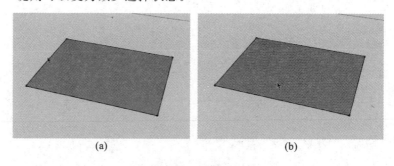

(a)          (b)

**图 2-26  面的选择**
(a) Ctrl 键点选面;(b) Shift 键取消点选面

窗选与框选模式:按住鼠标左键从左至右拖曳,绘图区会显示实线框,框内的实体模型会被全部选中,称之为窗选。按住鼠标左键从右至左拖曳,绘图区会显示虚线框,框内的图元将被全部选择,称之为框选。窗选和框选的区别在于,框选的选框只需要与想选择的物体相交就可以选择,而窗选则需要物体完全在选框内。

### 2.4.2  擦除工具

擦除工具 又称橡皮擦,主要是对模型不需要的地方进行删除,但不能删除平面。单击擦除工具,将其置于目标线段上方,单击即可直接将其擦除。

快速删除方法:点击激活擦除工具 ,按住鼠标不放,然后在想要擦除的物体上拖过,物体高亮显示,松开左键,物体即被删除。

特殊操作:激活擦除工具时,下方命令栏将显示配合 Ctrl 键和 Shift 键的综合作用。激活擦除工具的同时按住 Shift 键,不会删除图形元素,而是将边线隐藏;激活擦除工具的同时按住 Ctrl 键,不会删除图形元素,而是将边线柔滑;激活擦除工具的同时按住 Ctrl 键和 Shift 键,将取消柔滑效果,但不会取消隐藏。

## 2.5  常用绘图工具

### 2.5.1  直线工具

直线工具 可以绘制直线段、多段直线、封闭平面图形,还可以分割平面、补面。

用线条绘制一个平面,其操作步骤如下。

(1)点击直线工具,绘制一条直线,线段的长度可以在右下角的数值控制框中指定,输入数值按 Enter 键即可。

(2)SketchUp 会自动捕捉线段的中点和端点。

(3)绘制三条首尾相连的线段即可创建一个面,如图 2-27 所示。

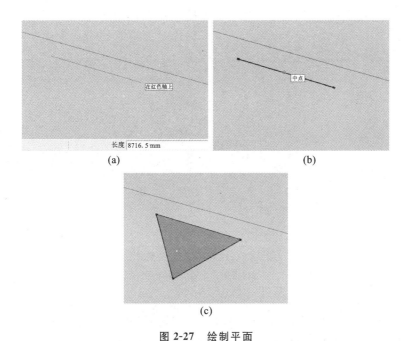

**图 2-27  绘制平面**

(a)绘制线段;(b)捕捉线段特征点;(c)绘制线段连成平面

此外,还可以对画好的线段进行拆分。点鼠标右键,在弹出的菜单中选择"拆分"命令,在数值控制框中输入要拆分的段数,如图 2-28 所示。

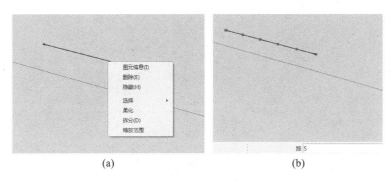

**图 2-28  线段的拆分**

(a)选择"拆分";(b)拆分的段数

### 2.5.2 矩形工具

矩形工具 ▦ 主要用于绘制矩形平面模型，也可以绘制正方形。

**1. 绘制矩形**

单击矩形工具，点击视图场景中的任意地方，设置矩形的第一个角点，然后设置矩形的第二个角点，即绘制好了一个矩形。也可以对矩形的长宽进行设定，在数值控制框中输入"1000 mm，700 mm"，按 Enter 键确定即可绘制出长为 1000 mm、宽为 700 mm 的矩形，如图 2-29 所示。

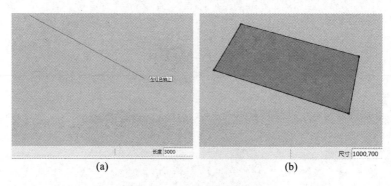

(a)            (b)

**图 2-29 绘制矩形操作示意**

（a）设置角点；（b）绘制矩形

**2. 绘制正方形**

正方形可用输入数值的方法来绘制，也可用鼠标控制。绘制矩形第二个角点的时候，当有"方形帽"的字样出现，即说明这个点是正方形的对角点，单击鼠标即完成绘制，如图 2-30 所示。

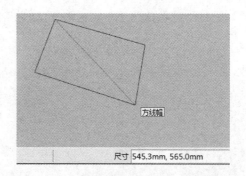

**图 2-30 绘制正方形**

### 2.5.3 圆弧工具

圆弧工具 ⌒ 主要用于绘制圆弧实体，绘制圆弧的步骤如下。

单击圆弧工具，点击视图场景中任意一点，确定圆弧的第一个点，在数值控制框中输入数值"3000 mm"确定弧长,按 Enter 键确定,拖动鼠标向上拉伸,数值控制框变成"凸出部分"的输入栏,输入"700 mm",则圆弧向上拉伸凸出的长度为 700 mm,按 Enter 键确定,松开鼠标,圆弧绘制完成,如图 2-31 所示。

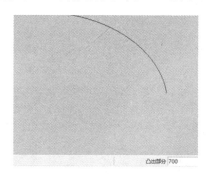

图 2-31　绘制圆弧

### 2.5.4　圆工具

圆工具  可以绘制圆形实体模型。在 SketchUp 中绘制的圆,实质上是由多条直线段组成的。段数越多,会显得越圆。

**1. 绘制圆形**

单击圆工具,点击视图场景中的任意一点即可确定圆心,拖动鼠标确定圆的半径,或在数值控制框中输入圆的半径,按 Enter 键确定,完成绘制,如图 2-32 所示。

**2. 改变已有圆形的参数**

选择已绘制好的圆,鼠标单击其边线选中,单击鼠标右键,在关联菜单选择"图元信息"选项,弹出"图元信息"对话框,如图 2-33 所示。在该对话框中修改圆的半径和段数参数,按 Enter 键确认,即可按照设定改变已有圆形的参数。

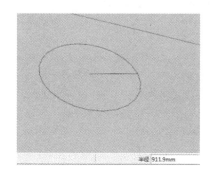

图 2-32　绘制圆形

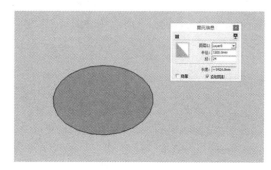

图 2-33　图元信息

在实际建筑建模中,不宜为了使圆显得更圆润而将侧面边线数设置得过大,因为那会使模型变得更复杂。结合软化/平滑边线工具也可以使圆显得更为光滑。

### 2.5.5　多边形工具

多边形工具▼用于绘制正多边形实体模型。

单击多边形工具▼,点击视图场景中任意一点即可确定圆心,在数值控制框中输入多边形的边数,比如画五边形,即输入"5s",按 Enter 键确定,再拖动鼠标确定多边形的半径即可,如图 2-34 所示。

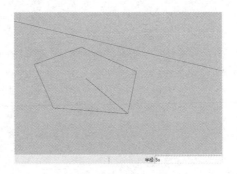

图 2-34　绘制多边形

使用圆工具●也可以绘制多边形,与多边形工具的区别在于圆工具绘制出来的模型边线会自动柔化。

### 2.5.6　徒手画工具

徒手画工具🖉可以绘制曲线模型和三维折线模型的不规则手绘线条。其中曲线模型具备整体性,选择其中一段即选择了整个模型,它可以用来表示等高线地图或其他有机形状中的等高线。

单击徒手画工具,点击场景中任意一点,确定起点,按住鼠标左键即可绘制不规则的曲线,当起点与终点相重合的时候,即可绘制出一个封闭的面,如图 2-35 所示。

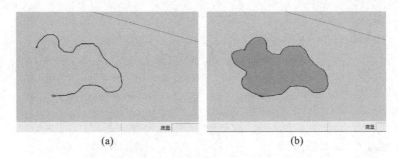

图 2-35　绘制曲线操作示意

(a) 绘制曲线;(b) 封闭面

任意用鼠标绘制曲线一般会占用较大的系统空间,在使用徒手画工具绘制自由曲线时,系统会默认自主优化路径曲线,使形成的曲线为单个曲线,并可以选择与修改。在使用徒手画工具时,若按住 Shift 键,则会取消系统的自主优化,这种情况下,能完整地显示鼠标路径,但所形成的曲线不能被选中,不能交错也不能修改,也不会自动形成封闭图形。

## 2.6 编辑工具

### 2.6.1 移动工具

移动工具 ![icon] 可以移动、拉伸和复制几何图形,此工具还可用于旋转组件和组。

**1. 移动面和点**

选中一个面,按住鼠标左键拖动鼠标即可移动选中的面。用鼠标选择模型上的点,按住鼠标左键进行拖动,跟这个点相关联的面和线都会跟着这一点进行变动,如图 2-36 所示。

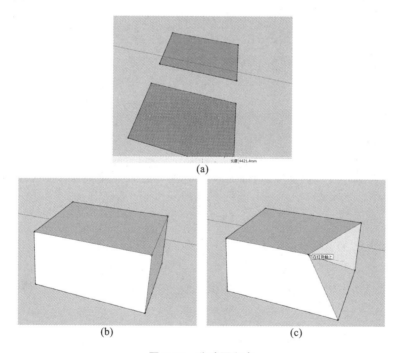

**图 2-36 移动面和点**
(a) 移动面;(b) 选择点;(c) 移动点

在图元位置要求很精确的模型中,可以通过输入空间三维坐标来准确定位,但这种方法使用比较少。物体移动时选择的基点并不要求一定要在物体上,可以是能选择的任意一点,但两者的相对位置是不变的。因此我们可以作辅助线以便移动物体。

**2. 利用移动工具移动和复制模型**

移动工具配合使用 Ctrl 键，能够实现复制功能，步骤如下。

（1）移动模型组件。

创建一个组件，选择移动工具，鼠标点击组件，即可进行移动，在数值控制框可以输入移动的距离，如图 2-37 所示。

（2）利用移动工具复制模型。

选中模型，选择移动工具，按 Ctrl 键，此时光标上多了一个"＋"的图标，按住鼠标左键，进行拖动，选择复制区域，即可复制模型。

如果想一次性复制多个模型的话，复制好一个模型之后，在数值控制框中输入要复制的个数，比如 7 个，则输入"＊7"，按 Enter 键确认，即可复制 7 个同等模型出来，如图 2-38 所示。

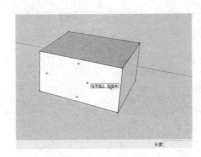

图 2-37　移动模型组件

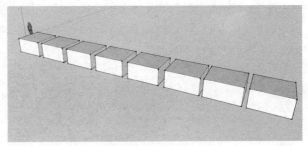

图 2-38　复制模型

## 2.6.2　推拉工具

推拉工具 ![icon] 可以将不同类型的二维平面（圆、矩形、抽象平面）推拉成三维几何体模型。

**1. 对平面图形进行推拉**

在场景中建立一个五边形平面，单击推拉工具，将鼠标移到要推拉的面上。此时选择的面布满蓝色的点，按住鼠标左键，向上或向下拖动鼠标，即可进行推拉。也可以在数值控制框中输入要推拉的距离，按 Enter 键确认，完成推拉几何体的操作，如图 2-39 所示。

**2. 在模型上推拉**

在三维体块上任意绘制一个矩形平面，选择推拉工具，进行简单的推拉，即得到几何体，如图 2-40 所示。

推拉工具除了用于创建三维模型外，还可以用于扭曲、调整模型表面，挤压、结合以及消去表面，只有推拉的前后表面互相平行时才会完全消除被推拉部位的表面，如图 2-41 所示。

推拉表面的复制：激活推拉工具时，按住 Ctrl 键，可以沿底面同一方向执行多次

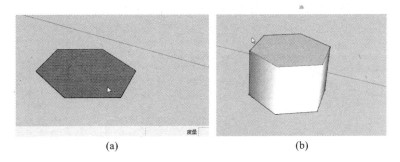

**图 2-39　对平面图形进行推拉**

（a）选择面；（b）推拉面

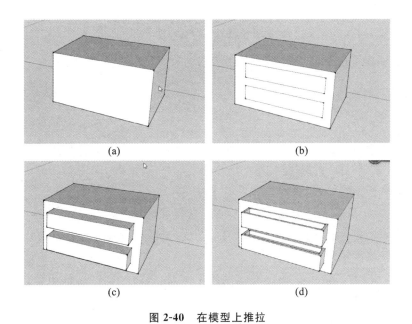

**图 2-40　在模型上推拉**

（a）绘制模型；（b）绘制矩形；（c）推拉矩形 1；（d）推拉矩形 2

**图 2-41　消除表面**

复制,如图 2-42 所示。

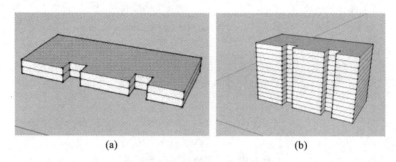

**图 2-42  推拉表面的复制**

(a) 选择模型；(b) 复制模型

在完成一个推拉命令之后,SketchUp 会自动记忆该命令的指令,包括推拉方向和高度,因此,我们可以通过双击鼠标左键来重复上一个推拉命令。该方法可用于其他平面,也同样可以配合 Ctrl 键来复制重复推拉。

### 2.6.3  旋转工具

旋转工具 用于确定旋转的轴心点、起点位置、中点位置并进行旋转,同时还可以拉伸、扭曲或复制模型。旋转工具既可以在同一旋转平面上旋转物体中的元素,也可以旋转单个或多个物体。如果旋转单个物体的某部分,则该物体将会被拉伸或扭曲。

**1. 旋转模型**

绘制任意三维模型,选择旋转工具,首先选择要旋转的起点,然后确定旋转轴线进行旋转,也可以在数值控制框输入要旋转的角度,按 Enter 键确定,如图 2-43 所示。

**2. 旋转复制对象**

配合使用 Ctrl 键,可以旋转复制出多个模型。选择旋转工具,用鼠标拖出一条虚线,选择要进行旋转的轴,这时按住 Ctrl 建,光标上出现一个"＋"号,即为复制模型,按住鼠标左键进行复制操作,效果如图 2-44 所示。

当只选择物体的一部分时,旋转工具也可以用来拉伸几何体。如果旋转会导致一个表面被扭曲或变成非平面时,将激活 SketchUp 的自动折叠功能。

**3. 旋转扭曲**

单独旋转几何体的某一部分时,该几何体将会被扭曲或者拉伸,如图 2-45 所示,将一个正八边形棱柱的顶面进行一定角度的旋转,该棱柱将会被扭曲。若使用旋转工具使得某个平面被扭曲为非平面,SketchUp 将会激活自动折叠功能。

### 2.6.4  拉伸工具

拉伸工具 又称缩放工具,可以对模型进行等比例或非等比例的缩放。单击拉伸工具,点击缩放夹点并移动鼠标来调整所选几何体的大小,不同的夹点支持不同的

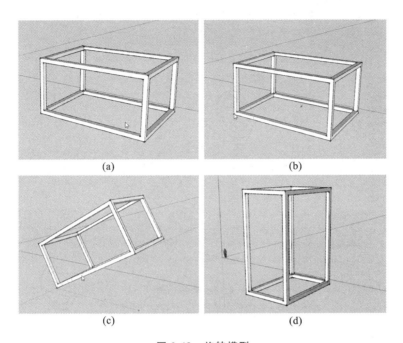

**图 2-43 旋转模型**

（a）选择模型；（b）选择旋转起点；（c）模型旋转；（d）完成旋转

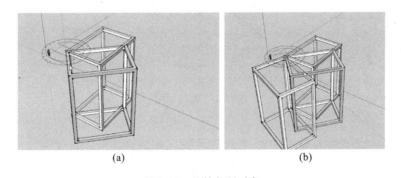

**图 2-44 旋转复制对象**

（a）选择模型；（b）复制模型

操作。

　　注意，鼠标拖曳会捕捉整倍缩放比例（如 1.0、2.0 倍等）也会捕捉 0.5 倍的增量（如 0.5、1.5 倍等），数值控制框会显示缩放比例。可以在点击拉伸工具之后，输入一个需要的缩放比例值实现缩放。点击拉伸工具之后，按住 Shift 键可以等比例缩放；按住 Ctrl 键来进行中心缩放；同时按住 Ctrl 和 Shift 键，可以切换到所选物体的等比、非等比中心缩放，如图 2-46 所示。

　　对于位于红、绿轴的二维平面，使用拉伸工具时只会形成 8 个夹点，而对于非红、绿轴的二维平面则依然会显示 26 个夹点，三维模型也是 26 个夹点。

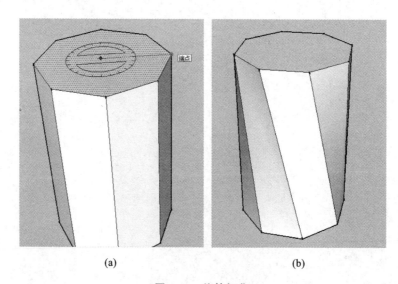

**图 2-45　旋转扭曲**

（a）选择模型顶面；（b）旋转扭曲模型

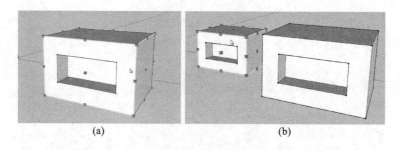

**图 2-46　缩放模型**

（a）选择模型；（b）模型缩放

通过往负方向拖曳缩放夹点，拉伸工具能用来创建几何体镜像缩放。等比镜像即在"比例"一栏输入"−1"，也可以输入其他负值的缩放比例数据来进行几何体镜像缩放。

### 2.6.5　路径跟随工具

路径跟随工具 🖳 可以根据两个二维线型或平面生成三维几何实体。

**1. 创建弯管模型**

在视图场景中先绘制一个圆形平面和一段弧线，其中弧线与圆形相交但不在一个平面上。先选中该弧线，再点击路径跟随工具，随后选中圆形平面，即可得到如图 2-47 所示的三维弯管模型。

路径跟随工具，要求路径和截面是在一个组或组件内的单纯的面或线，不能是已经成组的物体。要跟随的路径允许是平面，此时选择路径时，只需要点选该平面即可。路

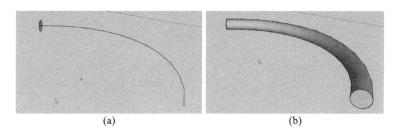

**图 2-47 创建弯管模型**

（a）绘制圆形和弧线；（b）完成模型

径不要求一定经过或接触平面，绘图时保证截面和路径的垂直关系，建模更方便。

**2. 创建球体模型**

在 SketchUp 中创建球体模型，可以使用路径跟随工具来实现，如图 2-48 所示，步骤如下。

（1）激活圆工具，创建两个半径相同、互相垂直、圆心重合的圆。

（2）选择其中一个圆，激活路径跟随工具。

（3）单击另一个圆，即生成球体模型。

圆锥体的模型创建方法与之类似，将竖向圆改为直角三角形，采用相同步骤即可实现。

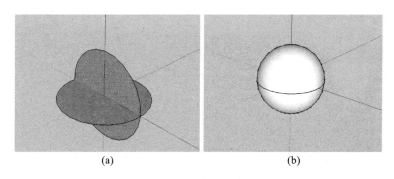

**图 2-48 创建球体模型**

（a）创建圆；（b）完成模型

## 2.6.6　偏移复制工具

偏移复制工具 🛞 可以在将面以及线对象进行移动的同时产生复制效果，步骤如下。

（1）任意绘制一个平面图形。

（2）选择偏移复制工具，鼠标移到要进行偏移的平面上，单击即可进行向内或向外部的偏移。

（3）在数值控制框中可以输入偏移的距离，如图 2-49 所示。

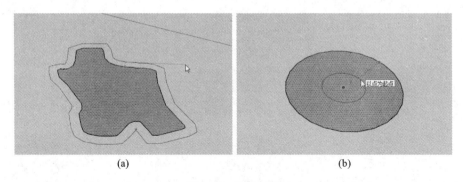

(a)              (b)

**图 2-49　偏移复制**

（a）偏移复制任意平面；（b）偏移复制圆

　　偏移复制工具不仅可以对面进行偏移，对于共面的线，以及共面的不构成平面的线都可以进行偏移，如图 2-50 所示。所以，偏移复制工具也多用于新建楼层平面、女儿墙、阳台拦板以及窗户的分割等建模工作。

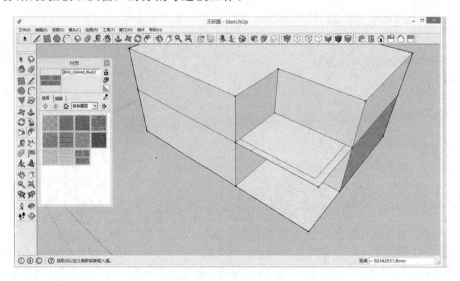

**图 2-50　线的偏移复制**

## 【本章小结】

| | |
|---|---|
| SketchUp 的工作界面 | 1. 工作主界面。 |
| | 2. 常用建模绘图命令。 |
| | 3. 常用编辑命令。 |
| 优化工作界面的设置 | 1. "模型信息"选项设置。 |
| | 2. 设置系统使用偏好。 |
| | 3. 快捷键的设置。 |

续表

| | |
|---|---|
| 文件管理 | 1. 文件的导入。<br>2. 文件的导出。<br>3. 选择和擦除工具。 |
| 常用绘图工具 | 1. 线条工具。<br>2. 矩形工具。<br>3. 圆弧工具。<br>4. 圆工具。<br>5. 多边形工具。<br>6. 徒手画工具。 |
| 编辑工具 | 1. 移动工具。<br>2. 推拉工具。<br>3. 旋转工具。<br>4. 拉伸工具。<br>5. 路径跟随工具。<br>6. 偏移复制工具。 |

## 【思考题】

1. SketchUp 的工作界面包括哪些内容？
2. SketchUp 的"模型信息"选项如何设置？
3. SketchUp 的快捷键如何设置？
4. SketchUp 的文件导入和导出如何实现？
5. SketchUp 提供有哪些基本绘图工具？分别能实现哪些功能？
6. SketchUp 提供有哪些建模编辑工具？分别能实现哪些功能？
7. 矩形工具和多边形工具有哪些区别？
8. 徒手画工具一般用来完成哪些建模功能？
9. 推拉工具和拉伸工具有哪些功能区别？
10. 路径跟随工具一般用来完成哪些建模功能？

## 【练习题】

熟悉 SketchUp 的工作界面，使用 SketchUp 基本绘图工具和编辑工具，构建简单形体模型，并总结这些基本绘图工具和编辑工具的使用方法。

# 第三章　SketchUp 的辅助工具

## 【知识目标】

■ 熟悉辅助工具的基本功能。

■ 掌握辅助工具的操作方法。

■ 熟悉辅助工具的参数设置与修改。

■ 掌握简单室内家具案例的建模方法。

SketchUp 除了基本工具以及指令外,还有另外一些常用的辅助工具,这些辅助工具使模型的制作变得更加方便,操作更加简洁。本章主要讲解测量工具、量角器工具、标注工具、文本工具、截面工具、样式工具、视图工具、漫游工具等常用辅助工具。

## 3.1　测量工具

测量工具 (又称卷尺工具),主要用于对模型任意两点之间的距离进行测量,同时还可以做出一条辅助线,对建立项目的精准模型非常有用。另外,测量工具还可以进行对模型的缩放。

**1. 测量模型**

单击测量工具 ,拖动鼠标在要测量距离的起点单击,拖动到测量距离的终点,即可在数值控制框中看到距离数值,如图 3-1 所示。

在建模过程中,我们通常使用直线工具 代替测量工具来进行测量工作,因为使用测量工具测量两点距离时产生的辅助线,往往和我们需要的有误差,在使用测量工具的同时按住 Ctrl 键则只会进行距离测量而不会生产辅助线。

**2. 辅助线功能**

点击测量工具,选定偏移参考位置后,单击偏移辅助线起点,然后拖动光标确定偏移辅助线方向,输入偏移数值,按 Enter 键确定,即可生成偏移辅助线,如图 3-2 所示。

**3. 辅助线的隐藏与显示**

辅助线可以直接通过橡皮擦工具删除,选择视图栏下的"导向器"命令可以隐藏辅助线,再次点击即可恢复显示。

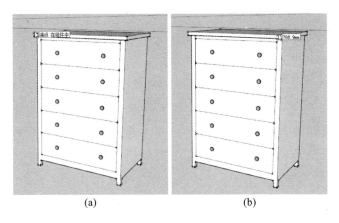

图 3-1  测量模型  　　　　　　　　　图 3-2  偏移辅助线
（a）选择起点；（b）拖动到终点

#### 4. 缩放功能

在导入新模型时，往往模型尺寸比例不合适，这时候我们就会用到测量工具的全局缩放功能来调整模型大小。

选择已知固定尺寸的模型中的一段，使用测量工具测量，然后在数值控制框输入该段实际的长度（注意单位），按 Enter 键，会弹出对话框问是否调整模型大小，单击"确定"即可。

## 3.2　量角器工具

量角器工具![icon]主要用于测量角度和创建有角度的辅助线，按住 Ctrl 键可测量角度，不按则可创建角度辅助线。

#### 1. 测量角度

启用量角器工具![icon]，选定测量角点并拖动光标确定第一条角度边线，再捕捉另一条边线单击确定，即可在数值控制框中看到测量出的角度数值，如图 3-3 所示。

#### 2. 辅助线功能

启用量角器工具![icon]，在目标位置单击，确定顶点位置，然后拖动光标创建角度起始线，在数值控制框中输入角度数值，按 Enter 键确定，即以起始线为参考，创建相对角度的辅助线。

通过卷尺工具和量角器工具创建的辅助线颜色可以进行设置以便与模型线区分，其调出方式为"窗口"→"样式"→"编辑"→"建模"→"导向器"，如图 3-4 所示。

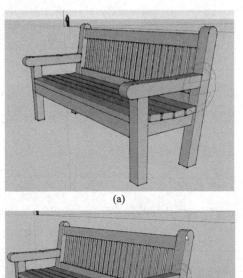

(a)

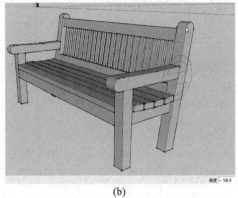

(b)

图 3-3 测量角度

（a）选定测量角；（b）角度测量

图 3-4 辅助线设置

## 3.3 标注工具

标注工具 ✕ 用于对模型进行精准测量，可以标注中心、圆形、圆弧、边线等。

**1. 长度标注**

选择标注工具 ✕，在标注起点处单击，拖动鼠标至标注端点再次点击确定，然后向任意方向拖动光标放置标注，即可完成标注，如图 3-5 所示。

**2. 半径标注**

选择标注工具 ✕，在目标弧线上单击，确定标注对象，往任意方向拖动光标放置标注，确定位置后单击，即可完成半径标注，如图 3-6 所示。

**3. 直径标注**

选择标注工具 ✕，在目标圆边线上单击，确定标注对象，往任意方向拖动光标放置标注，确定位置后单击，即可完成直径标注，如图 3-7 所示（直径标注和半径标注是可以互相切换的，在直径标注上单击鼠标右键，在显示的菜单中选择"显示半径标注"即可）。

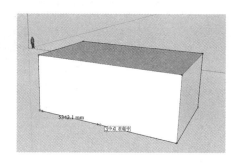

图 3-5　长度标注

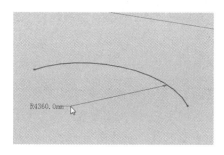

图 3-6　半径标注

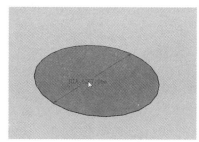

图 3-7　直径标注

关于标注的字体、显示等设置，在"窗口"→"模型信息"中可进行调整。通常建筑建模中需要调整的有以下几项。

在"尺寸"选项卡中单击右侧"字体"选项，进入"选择字体"对话框，通常选择"仿宋"，大小则依据模型大小而定。

在"尺寸"选项卡下部有"对齐屏幕"和"对齐尺寸线"两个单选按钮。通常选择"对齐屏幕"，此时标注中的尺寸和文字都以人的视角水平放置。这个选项也是系统的默认设置，在较为复杂的模型中往往也有比较良好的显示。

# 3.4　文本工具和轴工具

## 3.4.1　文本工具

文本工具 可以对图形面积、线段长度、顶点坐标进行文字标注。选择文本工具，单击模型面向外拖动，即可进行文本标注。如果想修改其中的文字，选择文本工具，对着标注进行双击，标注呈蓝色状态即可修改里面的内容，在窗口下的模型信息栏中的"模型信息"对话框中可以修改文本标注的字号和颜色，如图 3-8 所示。

当想让文字直接处于模型上而不是由引线引出时，只需要在使用文本工具时，在需要放置的地方双击鼠标左键即可，此时引线将会自动隐藏。由于系统默认的标注是对齐屏幕的，因此在旋转模型的过程中，文字始终对着观看者正面显示，调整方式

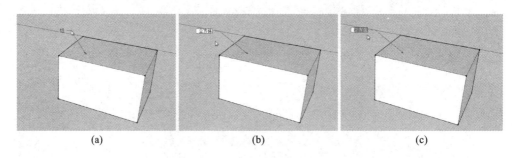

**图 3-8　文本标注操作示意**

（a）文本标注；（b）完成文本标注；（c）修改文字

如前文所述。

### 3.4.2　三维文本工具

三维文本工具 可以创建文本的三维几何图形。选择三维文本工具，弹出"放置三维文本"的对话框，在文本框中输入要替换的字，分别按需要在"字体""对齐""高度"选项中进行设置。单击"放置"，移动鼠标将其放置到任意面上，如图 3-9 所示。

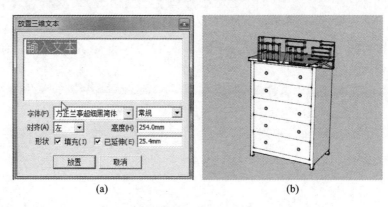

**图 3-9　三维文本**

（a）输入文本；（b）放置文本

### 3.4.3　轴工具

轴工具 即坐标轴工具，可以使用其移动或重新确定模型中的绘画轴方向。可以更为方便地在斜面上创建矩形物体，也可以用于更准确的缩放，以观察不在坐标轴上的物体。

在工具栏中找到"轴"命令，启用之后将光标放在模型上的目标位置，单击确定新的坐标原点位置。确定目标位置之后，可以左右拖动鼠标，自定义坐标的 $x$、$y$ 的轴向，调整到目标方向后单击确定即可。再上下拖动光标自定义 $z$ 轴方向，调整完成后再次单击，即可完成轴的自定义。

一般情况下,我们在单个组件里面重新设置坐标轴时,会使得该组件中的其他小组件的坐标轴也发生变化,这时会弹出"是否更新组件轴,与新设定的轴相匹配"的对话框,一般情况下选择"是"按钮,更新组件轴,使组件与修改后的坐标轴相适应,以方便进一步修改。

# 3.5 截面工具

截面工具 ⟠ ▢ ▢ 包括截平面工具、显示截平面工具和显示截面切割工具。

通过使用截面工具来显示视图中的剖面效果,也可以更直观地显示建筑内部结构和空间关系,并能直接在模型内工作。截面工具配合场景工具还可以制作模型构件的生成动画。

剖切面是一个有方向的矩形实体,用于在绘图窗口中表现特定的剖面。这些物体也可以用于控制剖面的选集、位置、定位方向和剖面切片的颜色。剖面可以放在特定的图层中,也可以移动、旋转、隐藏、复制、阵列等,灵活运用这些功能,配合场景工具可以制作建筑的生成动画。

剖切并不会删除或者改变几何体,只是在视图中使几何体的一部分不显示而已,继续编辑几何体也不会受到影响。

剖切工具用于展示剖面的剖切效果,剖面切片是指剖面与几何体相交而创建的边线,其线宽可以通过"窗口"→"样式"→"编辑"命令调整。

## 3.5.1 放置剖切面

激活截平面工具 ⟠,光标会显示出剖面,移动光标至模型上,剖面会自动捕捉到表面上(按住 Shift 键可锁定剖面所在的平面),单击左键确定,即放置了一个新的剖切面,如图 3-10 所示。选中的剖面可以进行移动操作,但只能在垂直于剖面的路径上移动。

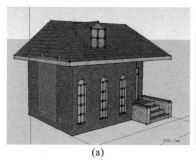
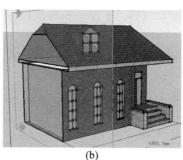

(a)　　　　　　　(b)

**图 3-10　放置剖切面**

(a)在模型上使用截平面工具;(b)剖切面放置

### 3.5.2 剖切面的重新放置

当新的剖切面被放入时,该剖面将自动激活。在一个组件中,允许放置多个剖切面,但每次只允许激活一个剖切面。激活一个剖切面的同时也会取消激活其他的剖切面,而对于不同组的剖面则不会有此限制。

在剖切面上单击鼠标左键,剖面变为蓝色表示选中。此时可以使用移动或旋转工具来改变剖切面位置,也可以点击鼠标右键,选择"反转"命令,来改变剖切方向。

### 3.5.3 剖切面的隐藏

使用显示截平面工具 🟦 可以控制是否显示剖切的截平面。选中截平面单击鼠标右键,也可以选择隐藏截平面。使用显示截面切割工具,可以控制是否显示截面的切割。

### 3.5.4 创建剖面的组

在剖切面上右击鼠标,在关联菜单中选择"剖面创建组",这会在剖切面与模型表面相交的位置产生新的边线,并存在于一个组中。这个组可以移动也可以马上炸开,使边线与模型合并。这个方法能让读者快速创建复杂模型的剖切面线框图。

## 3.6 样式工具

样式工具 🔳🔲🔳🔳🔳 是用来切换模型的显示样式的,灵活运用能给我们的建模过程带来极大的方便。

### 3.6.1 X 射线模式

X 射线模式能和除线框外的另外五种模式组合使用,在该模式下,模型中的面都将透明显示,一般用于对模型边线的修改,如图 3-11 所示。

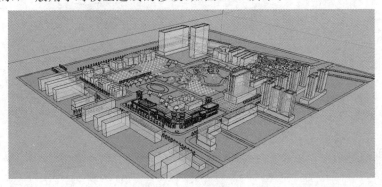

**图 3-11 X 射线模式**

### 3.6.2 后边线模式

后边线模式用于显示模型中无法直接看见的隐藏线,可与除线框模式外的五种模式组合使用,如图 3-12 所示。快捷键为 K,在建模过程中比较常用,用于选中无法直接选中的点。

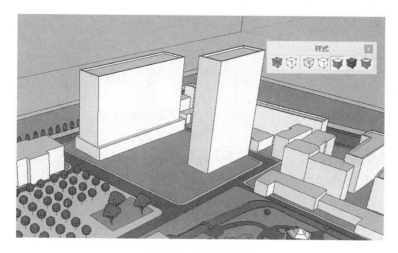

图 3-12 后边线模式

### 3.6.3 线框模式

线框模式下,模型仅以线条形式组成,而不构成面,因此无法与 X 射线模式和后边线模式同时使用,也无法使用与面有关的编辑工具,如推拉工具,效果如图 3-13 所示。

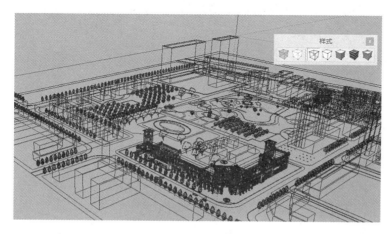

图 3-13 线框模式

### 3.6.4 隐藏线模式

隐藏线模式下处于背面的线都将消隐而不显示,所有面都与背面颜色相同,不显示贴图,如图 3-14 所示。

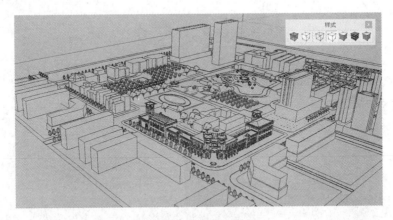

图 3-14　隐藏线模式

### 3.6.5 阴影模式

阴影模式下模型将显示真实材质效果,如图 3-15 所示。

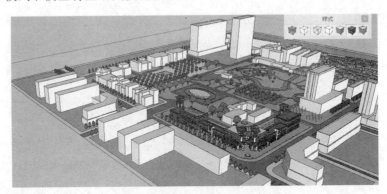

图 3-15　阴影模式

### 3.6.6 阴影纹理模式

阴影纹理模式会将所有面上应用的贴图显示出来。这种模式对软件的运行速度有影响,因此一般在建模过程中不推荐切换到这种模式。

### 3.6.7 单色模式

模型只以单色显示,以模型的正反面来默认颜色,如图 3-16 所示。

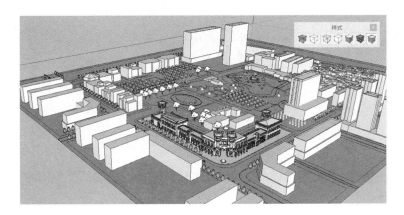

图 3-16　单色模式

## 3.7　视图工具

视图工具栏主要用于切换当前的视图为不同的标准视图模式,可分为等轴视图、俯视图、主视图、右视图、后视图和左视图 6 种,如图 3-17 所示。

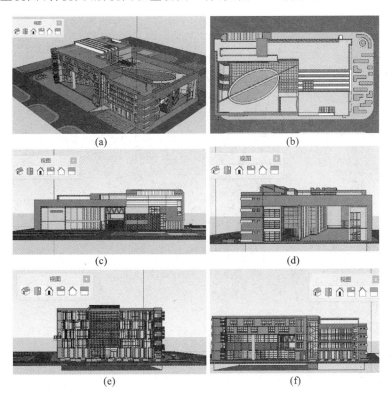

图 3-17　视图

(a) 等轴视图;(b) 俯视图;(c) 主视图;(d) 右视图;(e) 左视图;(f) 后视图

透视模式是指模拟眼睛观察物体和空间的三维效果图。通过"镜头"→"透视图"命令使用，或者在视图工具栏单击"等轴视图"命令使用。同时，一个模型不止一个视图模式，透视的效果会随着当前场景的视角变化而发生相应的变化。

轴测模式是指模型的三向投影图。通过"镜头"→"平行投影"命令使用。在轴测模式中，模型视图不像透视模式有灭点，但所有的平行线在图上依然是平行的。

## 3.8 漫游工具

### 3.8.1 镜头位置工具

镜头位置工具用于在指定的实线高度观察场景中的模型。在视图中单击鼠标即可获得视角的大概视图，通过控制鼠标来控制相机的位置。

镜头位置工具通常用于比较建筑与其周边建筑、设施的关系，因为在这种模式下，总能清楚地看到反映物体之间关系的透视图。

镜头位置工具可以快速设定场景的观察角度，并能通过镜头值调整透视效果。打开"镜头"下的"定位镜头"命令，启用"定位镜头"命令，将光标移动至目标放置点，在数值控制框中可以进行视高的设置，如图 3-18 所示。

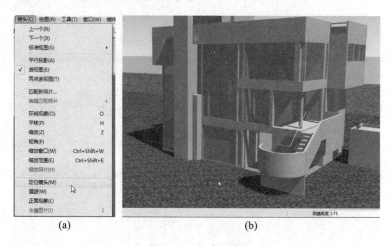

(a) (b)

**图 3-18 视高设置**

（a）设置镜头；（b）设置视高效果

### 3.8.2 正面观察工具

打开"镜头"下的"正面观察"命令，启用"正面观察"命令，在场景任意位置按住鼠标设定旋转轴点，按住鼠标向任意方向拖动，光标视角将产生对应的变化。

环绕观察工具与正面观察工具的区别在于，环绕观察工具在进行旋转查看时以模型为中线点，相当于人绕着模型查看；而正面观察工具则以视点为轴心，相当于站的位置不变,眼睛看到的视角在变。两者之间的联系在于按住鼠标中键可以激活环绕观察工具,在使用漫游工具的时候,按住鼠标中键则会激活正面观察工具。

### 3.8.3　漫游工具

漫游工具可以模拟跟随观察者移动,从而在镜头视图内产生连续变化的漫游动画效果。

打开"镜头"下的"漫游"命令,启用"漫游"命令,在视图内按住光标设定漫游起始点,按住光标向任意方向推动摄影机,通过鼠标和 Ctrl、Shift 键配合,即可完成前进和转向、上移、加速等漫游动作,如图 3-19 所示。距离光标参考点越远,移动速度越快。如果在行走的过程中碰到了墙壁,摄影机无法通过,可以按住 Alt 键穿墙而过。

**图 3-19　漫游视图**

激活实时缩放工具(快捷键为 Alt＋Z)后,用户可以输入准确的数值设置透视角度和焦距。例如,输入"60 deg"表示将视角设置为 60°,输入"60 mm"表示将相机焦距设置为 60 mm。按 Shift 的同时上下移动鼠标,则可以升高或降低摄影机视点;按 Ctrl 键的同时推动鼠标,则会产生加速前进的效果。

### 【本章小结】

| | |
|---|---|
| 测量工具 | 1. 测量模型。<br>2. 辅助线功能。<br>3. 缩放功能。 |
| 量角器工具 | 1. 测量角度。<br>2. 辅助线功能。 |
| 标注工具 | 1. 长度标注。<br>2. 半径标注。<br>3. 直径标注。 |

续表

| | |
|---|---|
| 文本工具和轴工具 | 1. 文本工具和三维文本工具。<br>2. 轴工具。 |
| 截面工具 | 1. 剖切面的放置。<br>2. 剖切面的隐藏。<br>3. 创建剖面的组。 |
| 样式工具 | 1. X 射线模式。<br>2. 后边线模式。<br>3. 线框模式。<br>4. 隐藏线模式。<br>5. 阴影模式。<br>6. 阴影纹理模式。<br>7. 单色模式。 |
| 漫游工具 | 1. 镜头位置工具。<br>2. 正面观察工具。<br>3. 漫游工具。 |

【思考题】

1. 测量工具和量角器工具有哪些参数可以设置？
2. 测量工具、量角器工具和辅助线功能在建模中有哪些作用？
3. 标注工具可以提供哪些类型的尺寸标注？
4. 轴工具在建模时有哪些作用？
5. 截面工具的设置和隐藏在建模时有哪些作用？
6. 样式工具有哪些类型？在建模时有哪些作用？
7. 漫游工具、镜头位置工具有哪些作用？
8. 创建建筑模型后，如何在镜头视图内产生连续变化的漫游动画效果？

【练习题】

完成简单的室内家具案例的建模，并尝试在镜头视图内产生连续变化的漫游动画效果。

# 第四章 SketchUp 的组与组件

## 【知识目标】

■ 了解组与组件的基本功能。
■ 掌握创建组与编辑组的基本流程。
■ 掌握创建组件与编辑组件的基本流程。
■ 熟悉组的图元信息的修改与管理。
■ 掌握组与组件右键快捷菜单的选项设置。
■ 掌握用组与组件工具进行楼梯案例三维建模的基本流程。

SketchUp 除了基本的命令工具以及指令外，还有另外一些常用的辅助指令，这些指令使得模型的建立工作变得更加方便，操作更加简洁。本章主要讲解 SketchUp 中的组与组件。

## 4.1 组

### 4.1.1 组的概念

在 SketchUp 中，使用组工具可以将模型中的实体线、面以及体块打包为一个整体，组内模型与外部模型相互分隔。合理地将模型中的构件打包成组，可便于模型的修改、复制和变化等操作。

### 4.1.2 创建组

（1）选中要成组的实体模型，如图 4-1 所示。

（2）在菜单栏中选择"编辑"→"创建组"命令；或者在选集上单击鼠标右键，在弹出的快捷菜单栏中选择"创建组"命令，如图 4-2 所示。

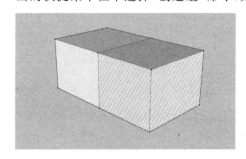

图 4-1 选中模型

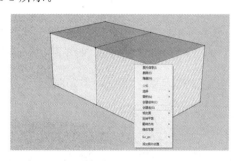

图 4-2 "创建组"命令

（3）组创建完成后，在组的边缘将会高亮显示边界框，如图 4-3 所示。

（4）组之间可以相互嵌套，即可以在已存在的组内再创建组。组件也可成为组的一部分，如图 4-4 所示。

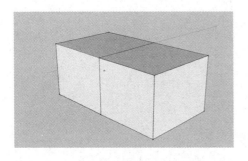

图 4-3　组的边缘的高亮边界框

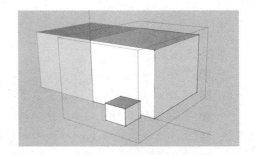

图 4-4　组的嵌套

### 4.1.3　编辑组

组内部的实体不能被直接编辑，选择要编辑的组，双击进入组然后再编辑。或者选择要编辑的组，单击鼠标右键在弹出的工具栏中选择"编辑组"，然后方可对组内的内容进行编辑。如图 4-5 所示。

进入组的编辑状态之后，组的外框会以虚线显示，组外的物体以灰色显示（为不可编辑状态）。在进行编辑时，可以使用外部的实体进行参考，但不会影响外部实体，如图 4-6 所示。

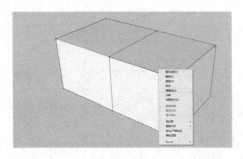

图 4-5　编辑组

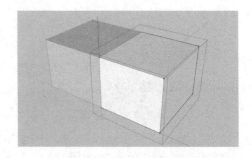

图 4-6　组的编辑状态

进入组的编辑状态之后，在外框的虚线之外也可绘制实体，其虚线会自动扩展，将新建的实体包含在内，如图 4-7 所示。

### 4.1.4　组的右键快捷菜单

在组上单击鼠标右键，弹出快捷菜单，如图 4-8 所示。

（1）图元信息。选择"图元信息"命令会弹出"图元信息"对话框，可以浏览和修改组的参数，如图 4-9 所示。

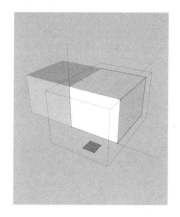

图 4-7　在组内绘制实体　　　图 4-8　组的右键快捷菜单

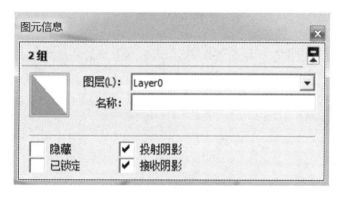

图 4-9　图元信息

① 选择材质：单击该窗口将弹出"选择颜料"对话框,用于查看和编辑组的材质。如果没有材质,则为默认材质。

② "图层":查看和编辑组所在图层。

③ "名称":查看和编辑组的名称。

④ "隐藏":勾选后隐藏该组。

⑤ "已锁定":勾选该选项后,组将被锁定,组的边框将以红色显示。

⑥ "投射阴影":勾选该选项后,组可以产生阴影。

⑦ "接收阴影":勾选该选项后,组可以接收其他物体投射的阴影。

(2) 删除和隐藏。"删除":删除当前选择的组。

"隐藏":同"图元信息"中的隐藏。如果之前在"视图"中勾选了"隐藏几何图形"命令,则隐藏的图形以网格形式显示并可以选择,如图 4-10 所示。

(3) "锁定":同"图元信息"中的已锁定。

(4) "编辑组":进入组内,并对组进行编辑。

(5) "分解":分解该组,使该组恢复到之前的状态。

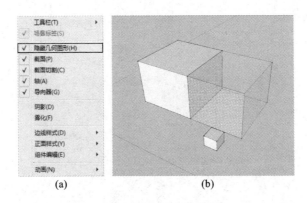

**图 4-10 隐藏几何图形**

（a）勾选"隐藏几何图形"；（b）隐藏的图形

（6）"创建组件"：将该组转化为组件。

（7）"解除黏接"：如果一个组件是在一个表面进行拉伸创建的，那么该组件在移动过程中就会存在吸附这个面的现象，从而无法参考捕捉其他面的点，这时就要选择该选项，使物体只有捕捉参考点进行移动。

（8）"重设比例"：取消对组的所有缩放操作，恢复原有的大小和比例。

（9）"重设倾斜"：恢复对组的扭曲变形等操作。

### 4.1.5 分解组

分解组可以使组恢复到之前的状态，分解步骤如下。

（1）选择需要分解的组。

（2）单击鼠标右键，在弹出的菜单中选择"分解"命令，或在菜单栏中选择"编辑"→"组"→"分解"命令，即可完成对组的分解，如图 4-11 所示。

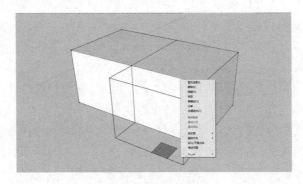

**图 4-11 "分解"命令**

组被分解后，组内的几何形体会与外部结合，当组内存在嵌套的组时，这些组会变成独立的组，而不会被取消组的状态，如图 4-12 所示。

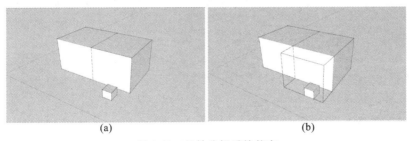

(a)                                    (b)

**图 4-12 组被分解后的状态**

(a) 分解组；(b) 嵌套的组的状态

# 4.2 组件

## 4.2.1 组件的概念

组件是将一个或多个实体定义为一个单位,使其可以像一个物体一样进行操作。组件与组类似。其组件可以单独保存为 skp 格式的文件,这些文件可以通过"组件"浏览器插入到不同的场景中。而且组件具备关联功能,当对一个组件进行编辑时,场景中的其他关联组件都将自动修改。

## 4.2.2 创建组件

创建组件的具体操作如下。

(1) 选择需要成组的实体。

(2) 在所选的实体上单击鼠标右键,或者单击工具栏中的 按钮,或者选择菜单栏中的"编辑"→"组件"命令。会弹出"创建组件"对话框,用于设置组件的信息,如图 4-13、图 4-14 所示。

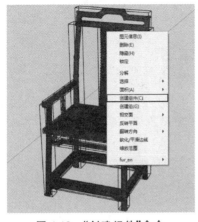

**图 4-13 "创建组件"命令**

**图 4-14 "创建组件"对话框**

（3）"创建组件"对话框的各选项内容如下。

"名称"：可改组件名或者重命名。

"描述"：可以在文本中输入对该组件必要的解释和描述信息，也可不填。

"黏接至"：该下拉列表中有"无""所有""水平""垂直""倾斜"，选择不同的选项可使得组件插入时对齐所需要的面。

"切割开口"：创建组件时勾选"切割开口"选项，如图 4-15 所示；在面上创建门、窗、洞口时，组件与表面重复的位置将删除，如图 4-16 所示。

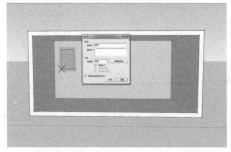 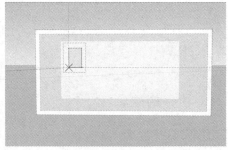

图 4-15　"切割开口"选项　　　　　图 4-16　切割开口效果

"总是朝向镜头"：勾选该选项后组件始终对齐镜头，并不受视图变更的影响。如图 4-17 所示。勾选该选项可使二维物体模拟三维物体，使得模型不会因为配景而变得过大，节约计算机运行内存。

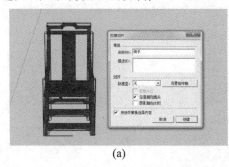 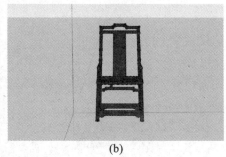

（a）　　　　　　　　　　　　　　　（b）

图 4-17　"总是朝向镜头"选项

（a）"总是朝向镜头"选项；（b）效果

图 4-18　设置组件轴

"阴影朝向太阳"：该选项只能在勾选"总是朝向镜头"后才能生效，可以使得物体的阴影随着镜头的改变而改变。

"设置组件轴"：单击该按钮可在组件内部重新设定坐标轴，如图 4-18 所示。

"用组件替换选择内容"：勾选该选项可以将所选物件替换为该组件，如果没有勾选，原来的几何形体不会发生改变,但是组件库中可以发现制作的组件已经被添加。

## 4.2.3　编辑组件

### 1. 编辑组件的方法

编辑组件的方式与编辑组的方式大致相同。

双击需要编辑的组件,或者选择组件,单击鼠标右键,在弹出的菜单栏选择"编辑组件",即可对组件进行修改。

组件具有关联性,若对一个组件进行修改,则相同的组件都会同样改变,如图4-19所示。

**图 4-19　编辑组件**

（1）"组件"浏览器。

在菜单栏中选择"窗口"→"组件"命令,打开"组件"浏览器。"组件"浏览器常用于插入预设的组件,同时也提供了 SketchUp 组件库的目录列表,如图 4-20 所示。

（2）选择。

显示选项 ▦▾:单击该按钮将弹出下拉菜单,包含四种图标显示方式以及"刷新"命令,该按钮的图标会随着图标显示方式的改变而改变。

导航:在"组件"浏览器中单击 🏠 ▾ 下拉按钮选择"在模型中",将会显示模型中的所有组件,若选择"组件"则会显示 SketchUp 组件库中的所有组件,如图 4-21 所示。

详细信息 ➡:在模型中选取一个组件时,单击该按钮会弹出一个快捷菜单栏。如图 4-22 所示。点击"打开或创建本地集合",可以载入一个已存在的文件夹或者新建一个文件夹到材质库中。该命令无法显示文件只能显示文件夹。"另存为本地集合"命令可以将选择的组件进行保存。"清理未使用项"命令可以用于清理该模型中导入或创建了却没有使用的组件,减小文件大小。

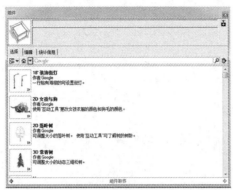
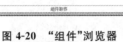

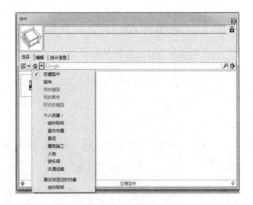

图 4-20 "组件"浏览器           图 4-21 导航

（3）编辑组件。

单击选择需要编辑的组件，再单击"编辑"按钮，可对场景中组件的设置进行更改，如图 4-23 所示。

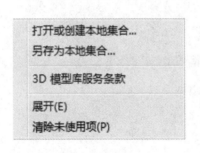

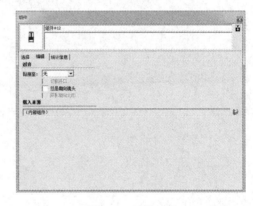

图 4-22 详细信息           图 4-23 编辑组件

（4）统计信息。

选中要查看详细信息的组件，打开"统计信息"选项卡就可以查看组件中所有实体包含几何形体以及项目的数量，如图 4-24 所示。

**2. 组件右键快捷菜单栏**

组件的右键快捷菜单栏中诸多命令与组的右键快捷菜单栏类似，在此只对一些常用的以及与组的右键快捷菜单栏中不同的命令进行详解。组件的右键快捷菜单栏如图 4-25 所示。

"设置为自定项"：相同的组件具有关联性，如要单独对其中一个进行编辑，可将需要编辑的组件设为自定项，取消该组件与其他组件的关联性，如图 4-26 所示。

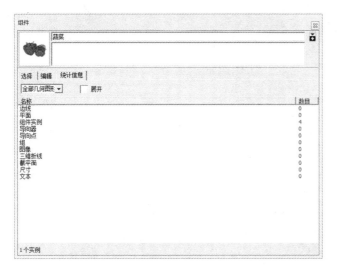

图 4-24 统计信息 图 4-25 组件右
键快捷菜单栏

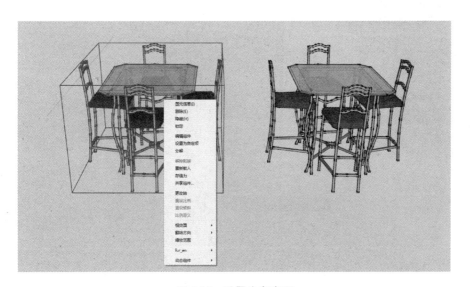

图 4-26 设置为自定项

"重新载入"：使用该命令可以将更改后的组件重新载入到组件库当中，以保留对组件的更改，如图 4-27 所示。

**3. 组件的浏览和管理**

选择"窗口"→"大纲"命令，可打开"大纲"浏览器，如图 4-28 所示。在"大纲"中可以随意移动组与组件的位置，查看组和组件的嵌套关系。另外，通过"大纲"浏览器还可以更改组和组件的名称，如图 4-29 所示。

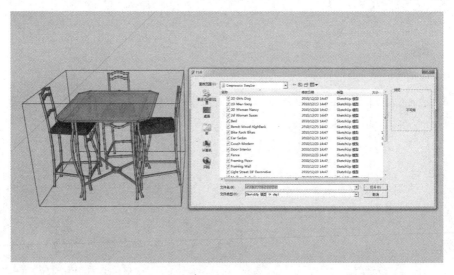

图 4-27　重新载入

图 4-28　"大纲"浏览器

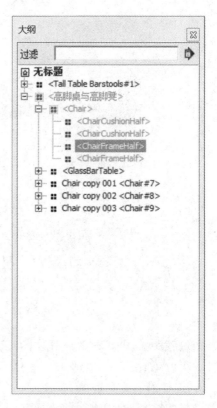

图 4-29　更改组和组件的名称

　　"过滤"器可根据所输入的关键词来寻找所需组件,并且在模型的场景中找到该组件。

### 4.2.4　保存组件

若要将制作的组件单独保存为一个文件以便以后使用,则可以在模型中选择组件,单击鼠标右键,如图 4-30 所示;在弹出的快捷菜单栏中选择"存储为"命令即可,如图 4-31 所示。在"文件名"中可以修改该组件的名称,在"保存类型"中可选择需要保存的版本。

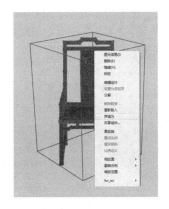
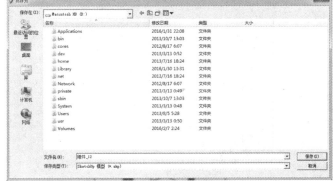

图 4-30　"存储为"命令　　　　　　　　　　　　图 4-31　保存组件

## 4.3　案例实战演练——楼梯的建模

楼梯在建筑中起到连接交通的作用,是建筑中必不可少的元素,但是楼梯相对来说对构造要求较高,而且构件数量较多,同时需要考虑梯段与平台的连接,楼梯井的设置,细节部分需要进行很多的处理。为了方便,可以使用 SUAPP 插件创建楼梯。在本节,仅使用 SketchUp 的组与组件工具创建楼梯,并对其操作步骤进行详解。

（1）使用直线或者矩形工具绘制一个台阶的平面,然后通过推拉工具创建一个矩形台阶,如图 4-32 所示。

（2）全选台阶,单击鼠标右键创建组件。使用移动工具,并按 Ctrl 键沿着对角线复制多个台阶,并将第一级台阶设为自定项,如图 4-33 所示。

（3）编辑中间的阶梯,选择阶梯下方的直线,使用移动工具与下一级台阶的底板对齐,如图 4-34 所示。再将所有的台阶全部选择,单击鼠标右键创建组。

（4）使用直线工具或者矩形工具绘制休息平面,再使用推拉工具创建休息平台以及休息平台的构造,并选择休息平台,单击鼠标右键创建为组件,如图 4-35 所示。

（5）使用移动工具,并按住 Ctrl 键,将已创建好的梯段组复制到另一边,然后再使用缩放工具 （快捷键为 S）,选择模型中间的缩放轴输入"−1"对该梯段进行镜像,如图 4-36 所示。

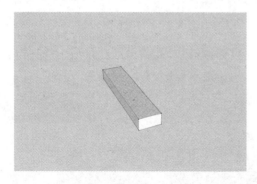

图 4-32　创建矩形台阶

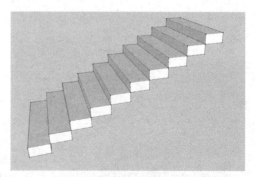

图 4-33　复制台阶

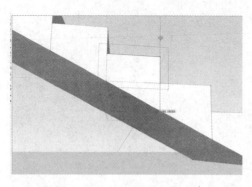

图 4-34　编辑阶梯

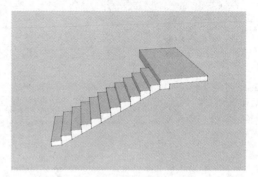

图 4-35　创建休息平台

（6）再使用移动工具将该梯段移动到指定的位置，并对该梯段最下端的台阶进行编辑，完成另一个梯段的绘制，如图 4-37 所示。

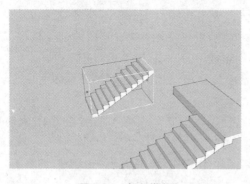

图 4-36　复制梯段

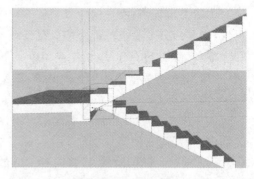

图 4-37　移动梯段

（7）使用移动工具，并按住 Ctrl 键，将已创建好的休息平台复制到另一边，然后再使用缩放工具 （快捷键为 S），选择模型中间的缩放轴输入"－1"对该休息平台进行镜像（在开放式楼梯间中直接与模型中的楼板相连），如图 4-38 所示。

（8）将所有的构件选中，单击鼠标右键创建为组。使用移动工具，并按住 Ctrl 键将该楼梯向上复制多个,如图 4-39 所示。

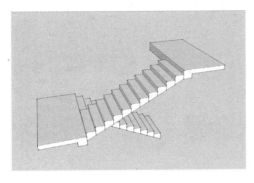

图 4-38 复制休息平台

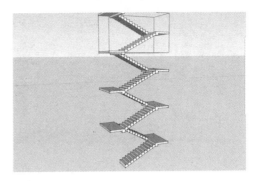

图 4-39 复制楼梯

(9) 添加栏杆。

① 进入台阶的组件对台阶进行编辑,创建单根扶手,并设置为组件,如图 4-40 所示。这时双击楼梯进入的是楼梯的组,再双击梯段进入对梯段的编辑,再双击台阶才进入对台阶的编辑,在绘制楼梯时应注意这些相互嵌套的关系。

② 将该扶手复制到台阶的另一侧,如图 4-41 所示。

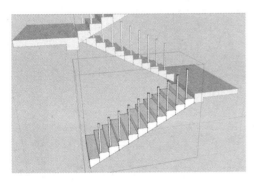

图 4-40 创建单根扶手

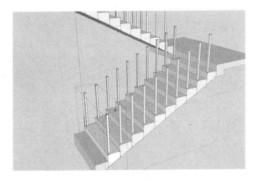

图 4-41 复制扶手

③ 在扶手的侧面绘制栏杆的一个面,双击该面创建为组件,再进入组件绘制一段栏杆,如图 4-42 所示。

④ 使用移动工具,并按住 Ctrl 键,将栏杆向下移动复制多个,如图 4-43 所示。

⑤ 选择一段栏杆,按 Ctrl+C 键复制,再进入到设为了自定项的阶梯中按 Ctrl+V 键,将栏杆粘贴到该组件中,将栏杆构件复制到另一个组件中,如图 4-44 所示;调整其位置并复制到另一端。

⑥ 进入休息平台的组件内,绘制休息平台段的栏杆扶手,如图 4-45 所示。

⑦ 在休息平台组件内继续绘制栏杆扶手的连接段,将该段栏杆设为自定项,如图 4-46 所示;使休息平台上的栏杆扶手与梯段上的栏杆扶手相连,如图 4-47、图 4-48 所示。

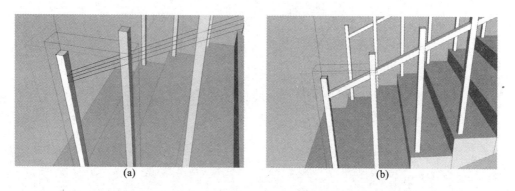

**图 4-42　绘制栏杆**

（a）绘制栏杆的一个面；（b）绘制一段栏杆

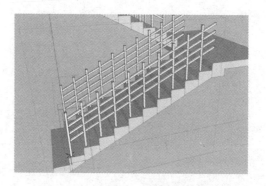

**图 4-43　复制栏杆示意**

**图 4-44　复制粘贴栏杆**

（a）复制栏杆；（b）粘贴栏杆

　　⑧ 对于特殊地方需要单独建立的，如扶手的起始端，楼梯扶手与楼板扶手的交界处以及两段平扶手栏杆的交接。之前已经对交界处的处理进行了讲解，其余地方的处理与之大同小异，此处不一一演示。

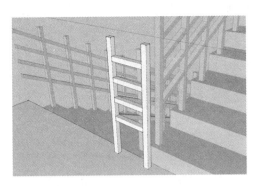

图 4-45　绘制休息平台段的栏杆扶手

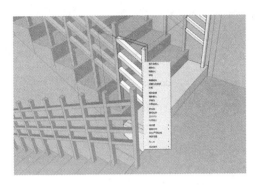

图 4-46　设置栏杆

图 4-47　连接栏杆扶手(1)

图 4-48　连接栏杆扶手(2)

（10）完成楼梯的创建,如图 4-49 所示。

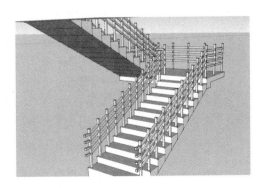

图 4-49　完成楼梯的创建

　　在楼梯的创建中,其难点主要在于多个组、组件的嵌套,有的甚至是多次嵌套。其建模的重点在于理清它们之间的逻辑关系。知道哪些该设为自定项,哪些应该相互关联,当思路明确之后,使用 SketchUp 组和组件等工具进行楼梯的建模就不会存在太大的困难。

**【本章小结】**

| 组 | 1. 创建组。<br>2. 编辑组。<br>3. 组的右键快捷菜单。<br>4. 图元信息设置。 |
|---|---|
| 组件 | 1. 创建组件。<br>2. 编辑组件。<br>3. 组件的右键快捷菜单。<br>4. 组件的保存。 |
| 案例实战演练<br>——楼梯的建模 | 1. 组和组件的创建与使用。<br>2. 使用组和组件工具进行梯段建模。<br>3. 使用组和组件工具进行休息平台建模。<br>4. 使用组和组件工具进行栏杆、扶手建模。 |

**【思考题】**

1. 如何在已有模型中创建一个组？
2. 如何编辑组内部的实体构件？
3. 组件的浏览和管理如何实现？
4. 组件具备哪些关联功能？在实体模型中如何创建组件？
5. 编辑组件方式与编辑组的方式有哪些异同？
6. 组件右键快捷菜单栏有哪些功能？
7. 如何使用推拉工具，创建一个梯段的踏步和休息平台？
8. 如何使用组件的嵌套工具，创建梯段的栏杆和扶手？

**【练习题】**

使用组和组件工具，完成楼梯案例的三维建模，并总结组和组件在建模工作中的使用方法。

# 第五章　材质与贴图

## 【知识目标】

- 了解"材质"编辑器的基本功能。
- 掌握编辑材质和赋予材质的基本操作流程。
- 熟悉材质工具中各快捷键的使用。
- 掌握材质贴图的基本操作流程。
- 掌握编辑贴图材质的常用模式。
- 掌握用材质工具进行案例建模和赋予材质的基本流程。

在 SketchUp 中只存在线和面的概念,在创建面时,面会被赋予默认的材质。SketchUp 系统中的面分正反两个面,所以面的材质可在正反两个面分别进行设置,用户可以根据自己的需要对面的两面分别赋予不同的材质。SketchUp 中的材质属性包括名称、颜色、不透明度、纹理图像和尺寸大小等。当材质被运用时,该材质就被添加到模型的材质库列表中,该列表中的材质随模型可以一同保存在 skp 格式的文件中。

## 5.1　材质的创建

### 5.1.1　"材质"编辑器

选择"窗口"→"材质"或者单击材质工具 可以打开"材质"编辑器,如图 5-1 所示,单击 按钮可以查看在模型中所使用的材质。

**1. 材质预览**

选择一种材质后可以在材质预览的窗口中预览该材质,并在材质名称窗口中显示材料的名称。

**2. 材质库列表**

材质库列表中的材质保存在 SketchUp 安装文件夹的"Materials"目录中,SketchUp 中系统自带一部分材质,当用户需要更多的材质时可以自行下载,并将材质保存到"Materials"文件夹下,就可以在材质库中选择使用。

### 5.1.2　新建材质

**1. 新建材质的方法**

单击"创建材质",弹出对话框,在该对话框中可设置材质的名称、颜色、大小、纹理图像以及不透明度等属性,如图 5-2 所示。

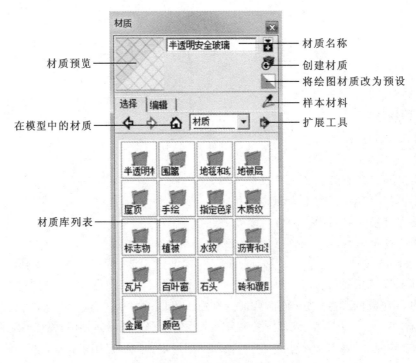

材质预览

材质名称

创建材质

将绘图材质改为预设

样本材料

在模型中的材质

扩展工具

材质库列表

图 5-1 "材质"编辑器

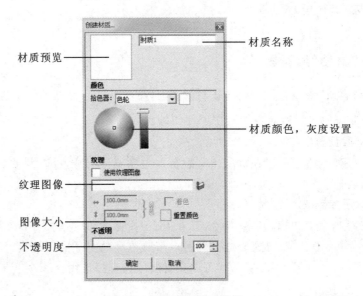

材质预览

材质名称

材质颜色，灰度设置

纹理图像

图像大小

不透明度

图 5-2 "创建材质"对话框

单击"将绘图材质改为预设"按钮可以选择系统默认材质。单击样本材料工具可以从现有的模型中提取材质，并将提取的材质设置为当前材质，如图 5-3、图 5-4 所示。

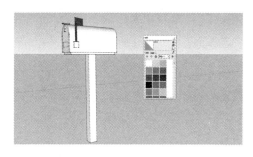

图 5-3　选择样本材料工具

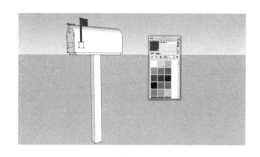

图 5-4　点击物体即可提取材质

**2. 材质库**

材质库中含有 SketchUp 软件自带的材质,在材质库中选择一种材质后,材质预览窗口就会显示该材质以及该材质的名称,同时会激活油漆桶工具,即可在文件中为模型赋予材质,各选项含义如下。

后退 ⬅、前进 ➡:在浏览材质库时,这两个按钮可以实现前进或后退。

模型中 🏠:查看模型中所使用的材质。

材质库菜单 材质▼:查看材质库的菜单。

扩展工具 ➡:单击该按钮会弹出一个快捷菜单,如图 5-5 所示。

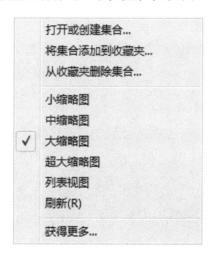

图 5-5　扩展工具

"打开或创建集合":该命令可以载入一个已存在的文件夹或者新建一个文件夹到材质库中。该命令无法显示文件,只能显示文件夹。

"将集合添加到收藏夹":将选择的文件夹添加到收藏夹中。

"从收藏夹删除集合":将选择的文件夹从收藏夹中删除。

"小缩略图""中缩略图""大缩略图""超大缩略图""列表视图":改变材质图表的显示大小以及方式。

## 5.2　编辑材质

图 5-6　"材质"选项卡

在材质库或者模型中选择一种材质,再单击"编辑"按钮,会弹出如图 5-6 所示的选项卡,该选项卡与"创建材质"选项卡类似,但其具有所选材质的详细信息。

"拾色器":用户可以在色轮里面选择其他颜色,材质的颜色将发生变化,但其纹理不会改变,调节灰度可以改变颜色的深浅。

"纹理":使用纹理图像,纹理图像在 5.4 节中有详细讲解。

"不透明":可以使用该选项更改材质的不透明度。

匹配模型中的颜色 🖍 :和样本材料工具类似,同样是提取模型中的材质。

匹配屏幕上的颜色 🖍 :单击该按钮可以从电脑屏幕上提取颜色。

## 5.3　赋予材质

使用材质工具 🖌 可以对模型中的实体面进行材质填充,系统会默认选择用户上

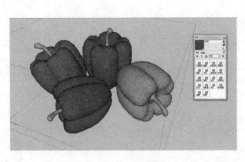

图 5-7　赋予材质

一次使用的材质,如果之前没有使用材质工具 🖌 ,则会选择默认材质。用户也可在"材质"编辑器的材质库中根据自己的需要选择一种材质。单击选择一种材质后,用户可以在材质预览窗口中预览该材质的外观。如果用户需要使用模型中已经存在的材质,则可以使用样本材料工具在模型中提取一种材质,然后在需要赋予材质的面上单击鼠标左键即可完成材质的赋予,如图 5-7 所示。

### 5.3.1 赋予材质中快捷键的使用

配合键盘上的按键使用材质工具 🎨 可以快速地为多个表面同时填充材质,下面对这些快捷键进行讲解。为方便用户快速推敲方案与赋予材质,可以使用部分快捷键快速地给多个面赋予材质。

**1. 单个填充(无快捷键)**

在单个边线或者表面上单击鼠标右键。如果之前选取了一个或多个物体,则为选中的物体赋予材质。

**2. 邻接填充(Ctrl 键)**

填充一个表面时按住 Ctrl 键,则可以在填充选择的面的同时,填充与所选表面相接的面。如果之前选定了范围,则邻接填充的范围限定在该范围之内。

**3. 替换材质(Shift 键)**

填充一个表面时按住 Shift 键,则可以用当前的材质替换所选表面的材质,而且与之相同的材质都会被替换。如果之前选定了范围,则替换填充的范围会限定在选定的范围之内。

**4. 邻接替换(Ctrl 和 Shift 键)**

填充表面时同时按住 Shift 键与 Ctrl 键,可实现邻接填充和替换填充的效果。填充工具会替换所选表面的材质,但替换对象限制在与所选表面相连的实体中。如果事先选定了一个或多个物体,那么邻接替换会被限制在所选范围之中。

**5. 提取材质(Alt 键)**

使用填充工具时按住 Alt 键,会变成样本材料工具,然后再点击物体,就可以直接提取该物体的材质。

### 5.3.2 为组赋予材质

在 SketchUp 中,当不进入组或者组件内部而直接对组件赋予材质时,SketchUp会默认为组内的所有默认材质的面用所选材质进行填充。

在为组和组件赋予材质时,如果没有进入组件内而直接对组件赋予材质,那么该组件没有被赋予材质的面将被赋予新的材质,但是与之相关的组件不会被赋予该材质。如果进入组件内,对某个面赋予材质时,那么与之相关联的组件会对应地也被赋予该材质,如图 5-8 所示。

选择组或组件,单击鼠标右键,在弹出的快捷工具栏中选择"图元信息",在"图元信息"对话框中,也可以为组或组件赋予材质。如果组或组件内部的面已经被赋予一种材质,则通过该方法赋予的材质不会影响已经被单独赋予材质的面,如图 5-9 所示。

完成组内编辑之后,在组外单击鼠标左键,或按 Esc 键,也可以单击"编辑"→"关闭组"命令,都可以取消对组的编辑状态。

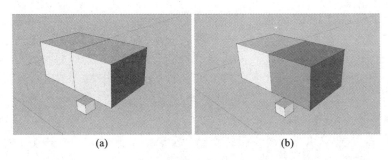

图 5-8　为组和组件赋予材质

（a）未进入组件内赋予材质；（b）进入组件内赋予材质

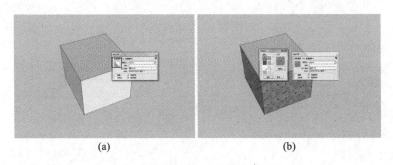

图 5-9　在"图元信息"中赋予材质

# 5.4　材质贴图的运用

## 5.4.1　添加贴图材质

在"材质"编辑器中除了可以使用 SketchUp 自带的材质以及下载的材质文件以外，用户还可以根据自身的需要，去制作所需的材质。除了能设置颜色、灰度以及不透明度以外，还能从外部加入纹理贴图，根据自己所下载的纹理图片或者是照片制作材质贴图。

打开"材质"编辑器进入"创建材质"选项卡，勾选"使用纹理图像"选项，在计算机中选择一张图片，如图 5-10 所示。

## 5.4.2　编辑贴图材质

### 1. "编辑"选项卡

"拾色器"：添加贴图后"拾色器"会显示纹理贴图的颜色，如图 5-11 所示；改变"拾色器"的设定颜色可对材质的颜色进行调整，如图 5-12 所示。

浏览 📖：从计算机中调取制作纹理贴图的图片。

在外部编辑器中编辑纹理图像 📖：使用电脑上其他软件编辑纹理图像。

 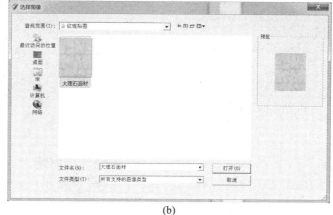

(a)　　　　　　　　　　　　　　　(b)

**图 5-10　添加贴图材质**

（a）"材质"对话框；（b）选择图像

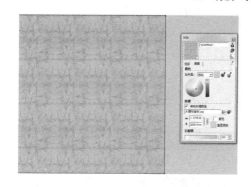 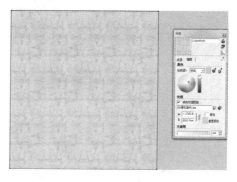

**图 5-11　显示纹理贴图的颜色**　　　　　**图 5-12　调整颜色**

长度  ~ 1729.8r ：纹理图像的长度。

高度 ⬍ 2000.0mm ：纹理图像的高度。

长宽比 ⑃：锁定、解锁图像高宽比。

"着色"：为贴图赋予上一层拾色器所指定的颜色。

"重置颜色"：还原到贴图初始颜色。

"不透明"：调整贴图材质的不透明度，不透明度越低，该贴图材质越透明。

**2．贴图坐标的调整**

贴图图片拥有自己的坐标系统，坐标原点位于 SketchUp 中的原点上。这样，对同样的物体赋予材质会有不同的效果，如果要贴图与被赋予材质的面更好地结合有以下方式。

（1）在贴图之前，先将要赋予材质的物体或面都制作成组件，组件拥有自己的坐标系，而且不会随着组件的移动而导致坐标系发生相对移动。制作组件后再赋予材质，就不会出现对同样的物体赋予材质会因为坐标系的问题而造成不同，如图 5-13 所示。

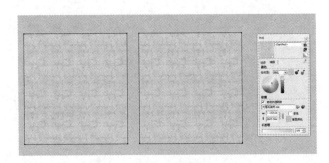

**图 5-13    制作组件后再赋予材质**

（2）在纹理贴图上单击鼠标右键，在快捷工具栏中选择"纹理"→"位置"命令，对贴图位置进行编辑。执行该命令后会出现 4 个图钉，移动这 4 个图钉的位置可以对贴图的大小及位置进行控制，如图 5-14 所示。

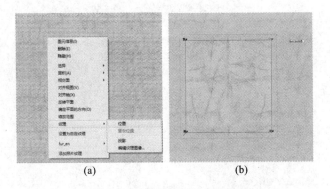

(a)                                        (b)

**图 5-14    控制贴图的大小及位置**

(a) 编辑贴图位置；(b) 控制贴图的大小及位置

① 锁定图钉编辑模式。

在贴图上单击鼠标右键，在快捷工具栏中选择"纹理"→"位置"命令，即可进入锁定图钉编辑模式。4 个图钉分别可以对贴图进行不同的操作。

移动图钉：拖曳红色图钉可以调整图钉位置，如图 5-15 所示。

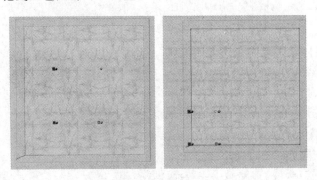

**图 5-15    移动图钉**

缩放/旋转图钉:拖曳绿色图钉,可以对贴图进行缩放和旋转操作,如图 5-16 所示。

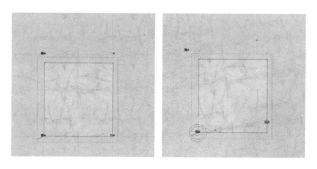

**图 5-16　缩放/旋转图钉**

平行四边形图钉:拖曳蓝色图钉可对材质贴图进行平行四边形形变的调整,如图 5-17 所示。

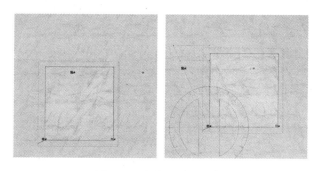

**图 5-17　平行四边形图钉**

梯形变形图钉:拖曳黄色的图钉可使得材质贴图进行梯形形变的调整,如图5-18 所示。

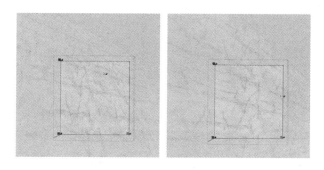

**图 5-18　梯形变形图钉**

在完成修改操作后点击外部,或者按 Enter 键,或者单击鼠标右键点击"完成"即可退出并保存操作。按 Esc 键可退出编辑但不保留操作。

② 自由图钉模式。

自由图钉模式适合设置和消除照片的扭曲。在自由图钉模式下图钉间不相互影响，可以将每个图钉移动到任意位置。在调整贴图的空间内单击鼠标右键出现如图5-19 所示的快捷菜单，取消勾选"固定图钉"选项即可变为自由图钉模式，如图 5-20所示。

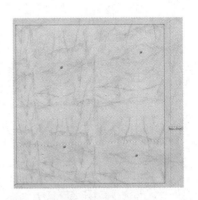

图 5-19　取消勾选"固定图钉"　　　　图 5-20　自由图钉模式

### 5.4.3　转角贴图的制作

SketchUp 中可以制作转角贴图，就像一张图片包在一个包裹上一样，操作步骤如下。

(1) 在一个方盒子的一个面上赋予贴图材质，如图 5-21 所示。

(2) 使用样本材料工具 🖉，或者使用颜料桶工具 🖎，按住 Alt 键，对该面上赋予的材质进行取样。

(3) 再使用颜料桶工具对另一个面赋予材质，如图 5-22 所示。

图 5-21　赋予贴图材质　　　　图 5-22　对另一个面赋予材质

### 5.4.4　投影贴图的制作

在贴图上单击鼠标右键，在快捷菜单栏中勾选"纹理"→"投影"，如图 5-23 所示，可将一般贴图转化为投影贴图。

　　投影贴图是通过一组与贴图垂直的平行的光线将该贴图打在斜面或者曲面上，通过投影贴图我们可以制作出很多不同的效果，其具体操作方式如下。

　　（1）新建一个贴图材质，并给模型中的一个面赋予该材质，然后在该贴图上单击鼠标右键，在快捷菜单栏中选择"纹理"并勾选"投影"，如图 5-24 所示。

图 5-23　投影贴图

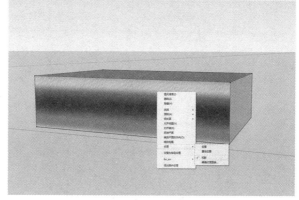

图 5-24　快捷菜单栏设置

　　（2）再利用沙盒工具创建一个曲面，并解组，如图 5-25 所示。若不解组，赋予材质时由于贴图坐标系的不同会出现问题。

　　SketchUp 中没有曲线和曲面的概念，其曲线是由若干条线段组成的，同时 SketchUp 中只有三角形的概念，在其系统中，多边形都是由共面的三角形组成的。所以曲面也是由若干个平面组成的。

　　（3）使用样本材料工具 提取之前设定好的投影贴图。然后再使用材质工具 并按住 Ctrl 键，给曲面赋予材质，并得到最终效果图，如图 5-26 所示。

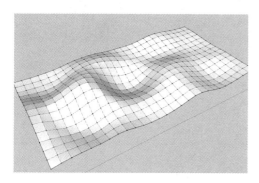

图 5-25　创建曲面

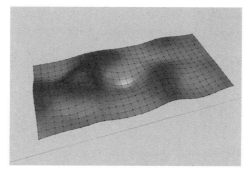

图 5-26　赋予材质后的效果

## 5.5 案例实战演练

在建筑的建模中,组与组件一般运用在门、窗、栏杆构件等处。本节以一个小型建筑中的部分细节为例,讲解组与组件以及材质在该建筑模型中的实际运用情况。其完成后的效果如图 5-27 所示。

图 5-27 建筑实例

### 5.5.1 窗的建模与材质赋予

(1)使用直线工具,在面上确定窗台的位置以及大小后,在面上画出窗的轮廓,如图 5-28 所示。

(2)双击矩形框的区域,当矩形边框变为蓝色时单击鼠标右键选择“创建组件”命令,如图 5-29 所示。

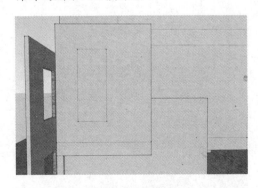

图 5-28 窗的轮廓

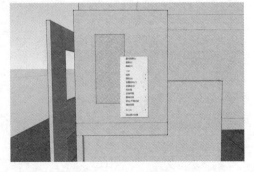

图 5-29 创建组件

(3)在弹出的“创建组件”对话框中,对创建的组件进行设置,更改其名称为“二层卫生间窗户”,在“描述”框中可对该窗户进行简单的描述,也可不填,在“对齐”选项栏中的"黏接至"中设置为"所有"（默认为"所有"），勾选"切割开口"，并勾选"用组件替换选择内容"，然后点击"创建"，如图 5-30 所示。

（4）创建完成后选择该窗户，并双击该组件进入编辑组件模式，如图 5-31 所示。

图 5-30 "创建组件"设置

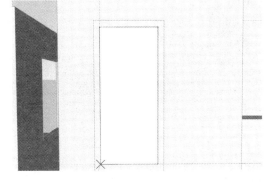
图 5-31 编辑组件

（5）在一般的面中使用组件创建窗户时，由于没有向内的参照物体，推拉工具不能使该平面向内推拉。为了方便操作，在建模时一般使用直线工具连接所建立矩形的对角线，将该矩形划分为两个平面，再使用推拉工具分别对两个面进行推拉，如图 5-32 所示。

（6）推拉完成后使用橡皮擦工具将中间的线删除，如图 5-33 所示。只有一个面的其他形状的组件，同样只要将其划分为两个面，具有参考即可。

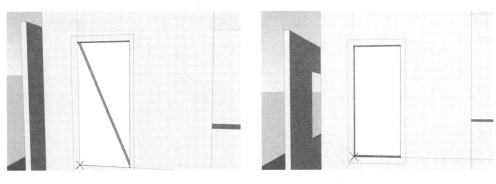

图 5-32 推拉面　　　　　　　　　　　图 5-33 删除线

（7）使用直线或者矩形工具在洞口的四周确定窗框的位置，如图 5-34 所示，并将该矩形也创建为组件。

（8）双击进入窗框组件，使用推拉工具拉出一定的高度。单击组件的外部退出对窗框的编辑，然后选择该窗框的构件，使用移动工具，并按 Ctrl 键，将该构件移动复制到另一端的指定位置，如图 5-35 所示。

（9）使用同样的方法完成对横向窗框构件的编辑，完成后同样使用移动工具，并按 Ctrl 键对该构件进行复制，如图 5-36 所示。这样就完成了对该窗框的编辑。

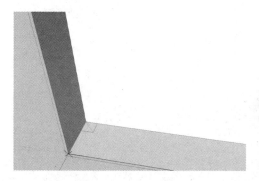

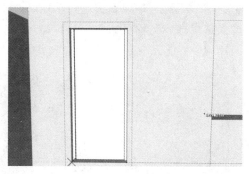

图 5-34  设定窗框的位置                 图 5-35  移动复制窗框

（10）使用颜料桶工具，在"材质"编辑器中选择相应的材质并赋予给窗户以及窗框，如图 5-37 所示，在材质库菜单的下拉菜单栏中选择"金属"类材料，再在材质库列表中选择一种金属材质，然后赋予给窗框。

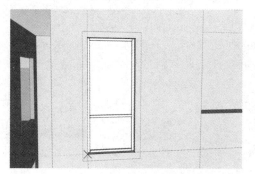

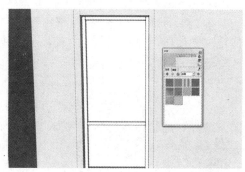

图 5-36  移动复制窗框构件                 图 5-37  赋予窗框材质

（11）在材质库的下拉菜单栏中选择"半透明"类材料，再在材质库列表中选择一种半透明的材质赋予给窗户，完成后效果如图 5-38 所示。

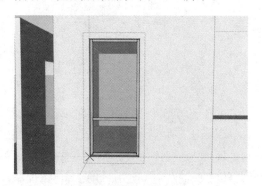

图 5-38  赋予窗户材质

该窗户模型创建完毕，用户可以根据自己的需要再在上面添加一些构件，操作方法类似。用同样的方法可以创建其他地方的窗户，如果其他地方的窗户与该窗户类似,可以直接使用移动工具,并按 Ctrl 键,复制到指定位置,这样就可以方便快捷地建立相同的窗户。

### 5.5.2　玻璃幕墙的建模与材质赋予

(1)为了方便幕墙的创建,先在墙面上进行幕墙表面的分割,为了方便实现均等分割,可以选择一条边的边界,将其移动复制到另一边的边界,再输入"/5"即可以把该面按长度均分为 5 份,如图 5-39 所示。

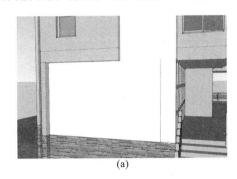 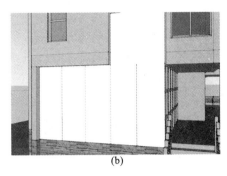

(a)　　　　　　　　　　　　　(b)

**图 5-39　分割幕墙**

(a)移动复制边界;(b)均等分割

(2)使用同样的方法完成其余网格的划分,完成后如图 5-40 所示。

(3)选择一个网格面后,双击该面创建幕墙单元的组件。双击该组件对该单元进行编辑,使用偏移工具使外轮廓向内偏移一定距离,创建出幕墙单元的轮廓,如图5-41所示。

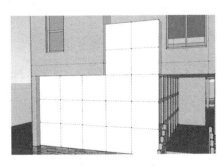 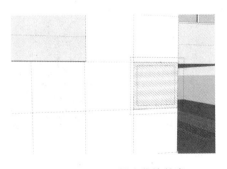

**图 5-40　完成划分**　　　　　　　**图 5-41　创建幕墙轮廓**

(4)使用推拉工具将玻璃部分向内推移,然后再使用材质工具给每个构件赋予材质,如图 5-42 所示。

(5)完成幕墙单元的创建后,使用移动工具并按住 Ctrl 键进行复制,再输入" * n"(n 为需要阵列的单元构件数)对幕墙单元进行阵列复制,这样就完成了一个面上的幕墙的绘制。

（6）在实际操作过程当中用户可能会遇到所建立的组件虽然勾选了"切割开口"的选项，但是在移动或者复制的时候却不能自行切割开口。在本案例中运用该方法建模也出现该问题，下面将针对这一问题进行讲解。

① 首先对已经建立好的组件进行复制，发现该组件并不能对其他面进行切割，而且移动到其他面上时，对其他面也不能进行切割，如果要达到切割开口的效果，那么需要把面上重叠的部分进行删除，如图 5-43 所示。

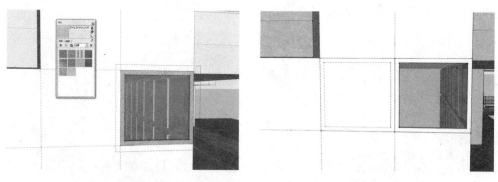

图 5-42　推拉玻璃并赋予材质　　　　　图 5-43　删除重叠部分

② 接下来将之前建立好的分割线全部删除，只留下一个构件的轮廓，如图 5-44 所示，再对其进行创建组件等编辑。

③ 完成对幕墙单元的编辑后，再对其进行复制，可以发现该组件能够正常地对面进行切割，如图 5-45 所示。

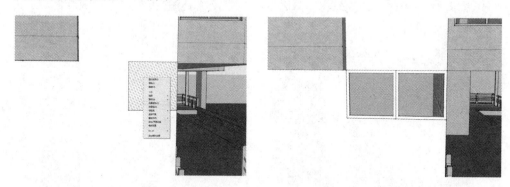

图 5-44　创建组件　　　　　　　　图 5-45　复制幕墙单元

④ SketchUp 在创建组件时，组件的切割开口是指该组件相对于其所在的面，对组件和面相交的区域进行切割开口，SketchUp 中默认该面为该组件的参照物。如果没有组件，没有这个参照面，或者整个面全部定义为了组件，以及在这个面的边上建立了组件，那么在切割面时就没有正确的参照，则切割开口也无法进行。

（7）选择其中一块幕墙，使用移动工具并按住 Ctrl 键将其复制到另一个面上，如图 5-46 所示。使用同样的方法将构件阵列，即完成了另一面玻璃幕墙的绘制，如图

5-47所示。在SketchUp中,当在组件的选项中选择了黏接至某个面后,再对组件进行移动时,SketchUp能自动识别该面并能将该组件自动黏接至该面上。

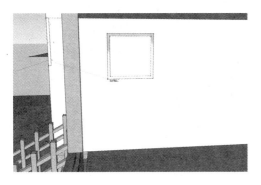

图 5-46 复制幕墙

图 5-47 完成幕墙绘制

　　幕墙的建模大致可分为两种方法:第一种是如同本案例所介绍的创建方法,先用组件制作一个玻璃幕墙的构件单元,再对其进行阵列复制,最后完成幕墙的制作;第二种方法是先将墙体表面全部赋予玻璃的材质,然后再用组件的方式建立玻璃幕墙的横撑、竖梃,最终完成玻璃幕墙的绘制,该方法与建立窗户的方法类似。这两种方法各有优劣,可以根据自己的实际建模情况以及需求选择不同的玻璃幕墙的建模思路。

### 5.5.3　栏杆、扶手的建模与材质赋予

　　在建筑模型的创建中,栏杆、扶手的创建是建模中比较烦琐的部分,其构造较为复杂,而且有转角的存在。在台阶和坡道中,栏杆、扶手还有一定的角度,这对于组件的使用熟练度要求较高。如果是带有一定弧度的栏杆、扶手,建立起来所花费的时间将会更多。

　　(1)在模型上确定栏杆、扶手所在的位置,并绘制一个扶手的矩形截面,以该矩形创建一个组件,将组件命名为"扶手","黏接至"调至"所有",扶手不是楼地板的一部分,所以根据构造,不需要勾选"切割开口",在勾选"用组件替换选择内容"后创建组件,如图5-48所示。

　　(2)编辑组件,先对该面赋予材质,再使用拉伸工具向上拉伸。这样拉伸出来的物体已经被赋予了之前面上的材质,可以根据自己的需要创建不同形式的扶手,如图5-49所示。

　　(3)将该扶手复制多个,并将末端部分的扶手设为自定项,如图5-50所示。再打开对扶手的编辑,在扶手侧面的位置绘制栏杆的截面,并对其进行推拉,其拉伸长度为两个扶手之间的间距,如图5-51所示。

　　(4)在上部栏杆的下表面或者下部栏杆的上表面绘制栏杆间填充构件的截面,并将该截面创建为组件(其创建组件的设置与扶手组件的设置相同)。使用移动工具

图 5-48　创建组件

图 5-49　编辑扶手

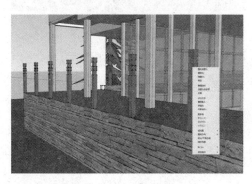

图 5-50　设置自定项

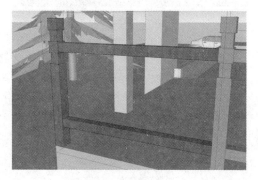

图 5-51　推拉栏杆

将其复制多个，然后使用推拉工具对其进行拉伸，完成一段栏杆、扶手的绘制，如图 5-52 所示。

图 5-52　绘制一段栏杆、扶手

（5）对于设为自定项的栏杆，由于其构造与中间的栏杆有所不同，故一般单独绘制，其单独绘制的过程和中间段的相似，此处不对其进行单独的讲解。

（6）在建模过程中多余的材质的存在，会占用系统大量的内存。在建模的过程中有些组件和材质不再需要时，虽然用户将其在模型中删除了，但仍然会保留在项目文件中。如果不再需要这些未使用的组件以及材质时，可以选择"窗口"→"模型信息"→"统计信息"中的"清除未使用项"，清除不需要使用的组件和材质，能够加快软件的运行速率，如图 5-53 所示。

（7）选择其中一个组件，移动复制到一边，使用选择命令对其进行旋转（快捷键Q），然后再将其移动至另一个边上，如图 5-54 所示。

图 5-53　清除未使用项

图 5-54　旋转组件

（8）移动到指定位置后，再将其沿着边移动复制多个。由于长度的需求，再将最后一个栏杆设置为自定项，对其进行单独的编辑，如图 5-55 所示。

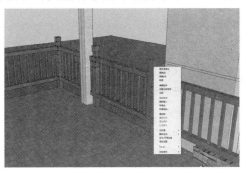

图 5-55　设置自定项

（9）使用相同的方法完成其他几条边上栏杆的绘制，最终完成栏杆、扶手的绘制，栏杆、扶手绘制完成后效果如图 5-56 所示。

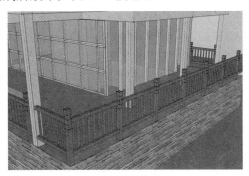

图 5-56　完成绘制

【本章小结】

| | |
|---|---|
| 材质的创建 | 1. "材质"编辑器的使用。<br>2. 材质库的设置和使用。<br>3. 编辑材质。 |
| 赋予材质 | 1. 赋予材质中快捷键的使用。<br>2. 为组赋予材质。 |
| 材质贴图的运用 | 1. 添加贴图材质。<br>2. 编辑贴图材质。<br>3. 转角贴图的制作。<br>4. 投影贴图的制作。 |
| 案例实战演练 | 1. 窗的建模与材质赋予。<br>2. 玻璃幕墙的建模与材质赋予。<br>3. 栏杆、扶手的建模与材质赋予。 |

【思考题】

1. "材质"编辑器有哪些材质参数可以设置?
2. 材质库的参数设置包括哪些内容?
3. 赋予材质中有哪些快捷键可以使用?
4. 编辑贴图材质有哪些主要步骤?
5. 材质转角贴图的制作有哪些主要步骤?
6. 投影贴图的制作需要用到哪些材质工具选项?
7. 窗的建模与材质赋予有哪些主要步骤?
8. 玻璃幕墙的建模与材质赋予有哪些主要步骤?
9. 栏杆、扶手的建模与材质赋予有哪些主要步骤?

【练习题】

1. 使用材质工具,完成玻璃幕墙案例的三维建模,并总结材质工具在该建模工作中的使用方法。

2. 使用材质工具,完成栏杆和扶手案例的三维建模,并总结材质工具在该建模工作中的使用方法。

# 第六章　渲染与动画制作

【知识目标】
- 了解 V-Ray 渲染器工具的基本操作流程。
- 掌握 V-Ray 渲染器的材质、灯光、摄影、特效等主要功能的操作。熟悉使用 V-Ray 渲染器来实现不同的纹理贴图，控制其反射和折射效果。
- 掌握增加凹凸贴图和置换贴图的基本操作原理，能够在具体建模场景中获得更加准确的物理照明、更好的渲染效果。
- 掌握使用 SketchUp 提供的动画工具，合理地使用创作分镜头，创作出具体案例模型的动画方案，连接制作成为漫游动画。

V-Ray 渲染器是目前最受欢迎的渲染引擎工具之一。V-Ray 渲染器的最大特点是较好地平衡了渲染品质与计算速度。它可以提供单独的渲染程序，方便使用者渲染各种图片。V-Ray 渲染器提供的渲染方案选择比较灵活，既可以选择快速高效的渲染方案，也可以选择高品质的渲染方案。

V-Ray 渲染器由 7 部分功能组成：V-Ray 渲染器、V-Ray 对象、V-Ray 灯光、V-Ray 摄影机、V-Ray 材质贴图、V-Ray 大气特效和 V-Ray 置换修改器。V-Ray 渲染器提供的材质在场景中使用时，能够获得更加准确的物理照明、更好的渲染效果。我们通过使用不同的纹理贴图，控制其反射和折射，增加凹凸贴图和置换贴图。

## 6.1　V-Ray 渲染器工具

### 6.1.1　V-Ray 工具栏

V-Ray 插件在 SketchUp 中的打开状态如图 6-1 所示。"M"为 Material（材料），单击其可对模型材料进行编辑。"O"即 Options（选项），点击其可打开 V-Ray 参数选项面板。"R"即为 Render（渲染），单击其可开始渲染，打开"F"卡以查看上一次渲染图像缓存，便于比较。接下来的四个按钮可实现不同形式的光源设置，适用于不同的场景要求。V-Ray 球可以帮助链接预设好的材质参数进行模型更改，无限平面则是对场地进行模拟，可以快速对场地进行限定。

### 6.1.2　V-Ray 材质编辑器

单击材质编辑器按钮，会弹出"V-Ray 材质编辑器"面板，SketchUp 模型的材质编辑都在该面板上进行，如图 6-2 所示。

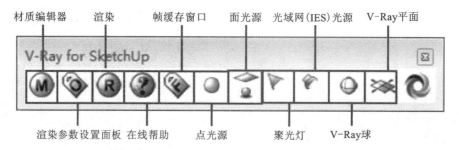

图 6-1　在 SketchUp 中打开 V-Ray 插件

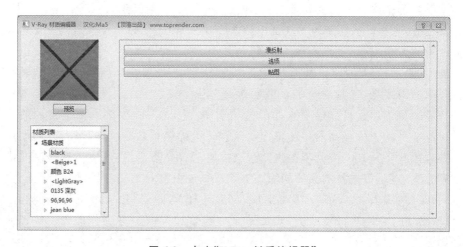

图 6-2　点击"V-Ray 材质编辑器"

渲染是模拟现实生活中实际物体的过程，通过调节各项参数使它变得更趋近于真实。通过预览可以随时看到我们所设置的材质的样子，从而进行调节和改变。

**1. 预览**

点击"预览"我们可以看到我们选中的材质在调节各项参数后的预览图，如图6-3所示。

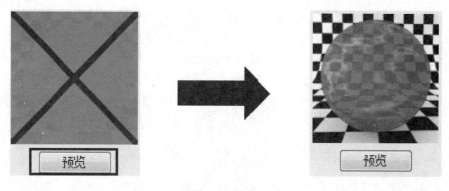

图 6-3　预览

**2. 材质列表**

"材质列表"列出了模拟场景中的所有材质,点击它进入该材质的各项数据调节,如图 6-4 所示。

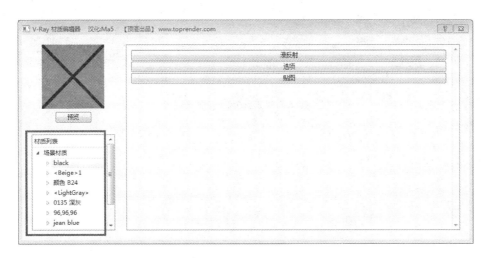

**图 6-4 点击"材质列表"**

**3. 漫反射**

点击"漫反射"后如图 6-5 所示,漫反射既包含物体的固有色或固有纹理,同时也包括透明度。在图 6-5 中我们看到有颜色、透明度、粗糙度等选项。

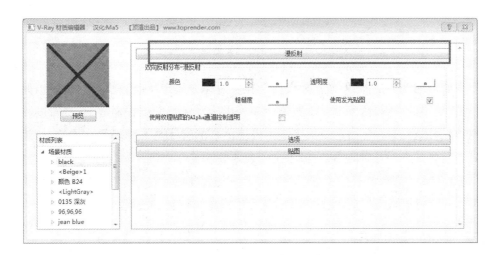

**图 6-5 "漫反射"选项**

"颜色"是选用物体材质的颜色,"透明度"则是该材质的透明程度。我们对比下"白色""灰色""黑色"的效果,如图 6-6 所示。

图 6-6　漫反射效果对比

　　材质除了漫反射还有别的属性，我们需要在"材质列表"中选中当前材质，右键创建新的属性，如自发光、反射、折射，如图 6-7 所示。

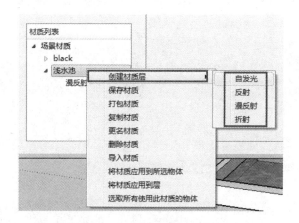

图 6-7　材质的其他属性

　　在建筑的材质中，反射通常是漫反射和反射综合起来反映到我们的肉眼中的影像，并且相比折射而言，反射对于建筑的表现影响更大。所以在调节参数的过程中，我们首先要明白某种材质在现实生活中表现出来的特性是哪种因素造成的，然后才能真正了解并设置材质的参数，而不是死板地去调节参数。

　　**4. 反射**

　　创建了反射材质层后，出现如图 6-8 所示的参数设置对话框。

　　大多数材质是通过漫反射和反射的相互作用形成它们的固有色或纹理的，在图 6-8 中我们看到"m"选项，点击进入后，我们通常需要勾选"菲涅耳"选项，如图 6-9 所示。勾选"菲涅耳"是因为菲涅耳是 V-Ray 里面的一个名称。它在制作效果图的时候起着很重要的作用，起着调节模拟真实质感的作用，可以使瓷砖和木地板呈现亚光的状态。

**图 6-8　参数设置对话框**

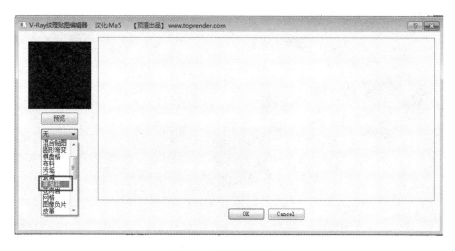

**图 6-9　"菲涅耳"选项**

　　反射光泽度最大值为 1，当其为 1 时，表示物体表面 100％光滑，如图 6-10 所示。当我们降低材质的光泽度时，材质表面会变得模糊。同时在渲染的过程中，当反射光泽度不为 1 时，容易产生噪点，那么此时调节细分值，细分值越高，噪点就越少，表明物体越光滑。不同的材质用不同的细分值去表现，根据物体的模糊程度、光滑度等去决定到底要调多少的细分值，同时使用摄像机远近来调节细分值。

### 5. 设置材质

　　下面我们以不锈钢材质为例，设置一种材质参数。不锈钢材质的特点是接近镜面的光亮度，所以不锈钢的材质特点主要是由反射的颜色决定表面的色彩。同时我们知道，漫反射包含物体的固有色或固有纹理，同时包括透明度。不锈钢的特性是反

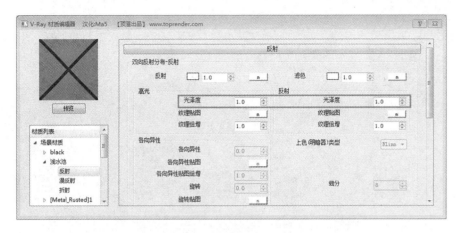

图 6-10 反射"光泽度"设置

射,我们选用趋近黑色的颜色来表示不锈钢的固有色,并且有镜面一样的光亮度,勾选"菲涅耳"后需要调整"折射率"到 8～10 才能形成金属质感,如图 6-11 所示。

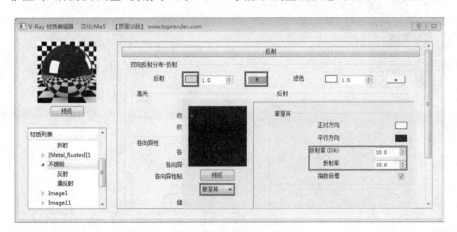

图 6-11 设置材质

### 6.1.3 V-Ray 渲染设置面板

#### 1. V-Ray 渲染设置面板

V-Ray 渲染设置面板如图 6-12 所示,左上角分别是保存设置、载入设置、复位设置。其他的就是各种参数的调节选项,如灯光、系统等。V-Ray 渲染设置面板"全局开关"选项,如图 6-12 所示。

在一般的渲染过程中"全局开关"的参数保持默认,其中一些常用操作的运行逻辑与常见操作如下。

"反射/折射":是否考虑计算 V-Ray 贴图或材质中的光线的反射、折射效果,通

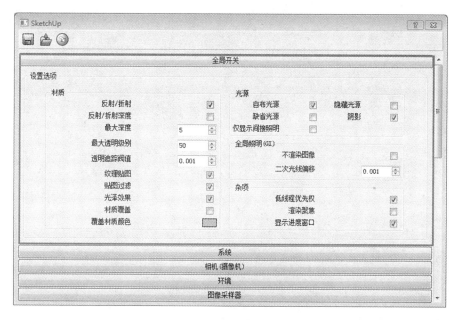

图 6-12 "全局开关"选项

常勾选。"最大深度":用于设置 V-Ray 贴图或材质中反射、折射的最大反弹次数。

"最大透明级别":控制透明物体被光线追踪的最大深度。值越高被光线跟踪深度越深,效果越好,速度越慢,保持默认。

"纹理贴图":是否使用纹理贴图。

"贴图过滤":是否使用纹理贴图过滤。勾选时,V-Ray 用自身的抗锯齿功能对纹理进行过滤。

"材质覆盖":勾选时通过后面指定的一种材质可覆盖场景中所有物体的材质来进行渲染。主要用于测试建模是否存在漏光等现象,及时纠正模型的错误。

"不渲染图像":勾选时 V-Ray 只计算相应的全局光照贴图(光子 render 贴图、灯光贴图和发光贴图),这对于渲染动画过程很有用。

"二次光线偏移":设置光线发生二次反弹时的偏移距离,主要用于检查建模时有无重面,并且纠正其反射出现的错误,在默认的情况下将产生黑斑,一般设为"0.001"。

**2. 相机**

"相机"的参数设置如图 6-13 所示。

相机的参数设置需要有摄影经验,能够理解基本的概念,如"快门速度""光圈""白平衡"等各项参数不同取值会得到什么样的效果,如不太熟悉,选用默认的参数即可。在采用 HDRI 贴图时会将物理相机关闭。

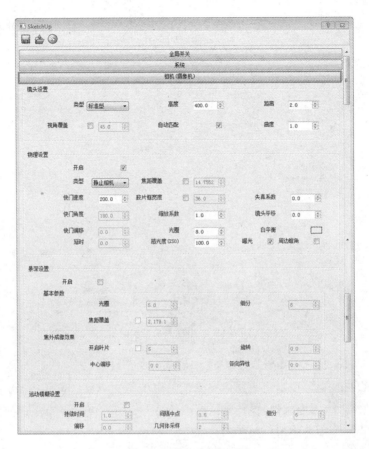

图 6-13 "相机"参数设置

### 3. 环境

"环境"的参数设置如图 6-14 所示。

这里的全局光是指物理天空,颜色也是物理天空的颜色,"背景颜色"即为渲染的背景颜色,点击"M"选择"天空",如图 6-15 所示,背景颜色参数同样如此设置。

### 4. HDRI 贴图

HDRI 是 High Dynamic Range Image 的缩写,中文译为高动态范围图像,是图片的一种,但是它比一般的图片储存的信息要多,且有着比一般图片更为完整的光照信息。使用 HDRI 可以使场景中的光照更为丰富,为场景中带有反射的对象提供丰富自然的反射背景。HDRI 可以放在环境的"全局光颜色"处,用作光照,若放在环境的"背景颜色"处,就可以作为背景,场景中对象的反射也会受其影响。

HDRI 拥有比普通 rgb 格式图像更大的亮度范围。标准的 rgb 格式图像最大亮度值是 255、255、255,用这样的图像结合光能传递照明一个场景,最亮的白色也不能提供足够的照明来模拟真实世界的效果,渲染效果平淡且缺乏对比。但使用 HDRI

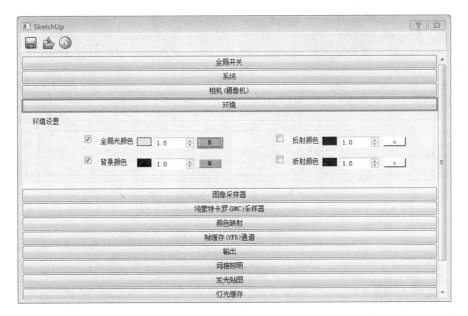

**图 6-14** "环境"参数设置

**图 6-15** "天空"参数设置

的话，相当于将太阳光的亮度值加到光能传递计算以及反射的渲染中，可得到非常真实和漂亮的渲染效果。下面两张渲染的图片可以看出使用 HDRI 后带来的巨大差异，如图 6-16 所示。

采用 HDRI 贴图时，要关闭物理相机，并且设置以下参数，如图 6-17 所示。选择"位图"，点击文件导入 HDRI 格式贴图，对"背景颜色"重复此操作，渲染时关闭物理相机。

图 6-16　HDRI 效果对比

(a) 无 HDRI；(b) 有 HDRI

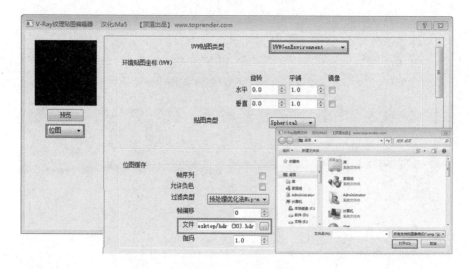

图 6-17　HDRI 参数设置

### 5. 图像采样器

图像采样器的参数设置如图 6-18 所示。图像采样器具有抗锯齿、决定边缘的平滑和清晰程度的作用，"类型"有"自适应纯蒙特卡罗""自适应细分"和"固定比率"。在"类型"选项中可选用"自适应纯蒙特卡罗"类型。

### 6. 颜色映射

"颜色映射"的参数设置如图 6-19 所示，建筑渲染选用"莱因哈特（Reinhard）"或"指数（HSV）曝光控制"。

### 7. 间接照明

"间接照明"的参数设置如图 6-20 所示。"间接照明"不用于渲染最终图像，勾选时 V-Ray 只计算相应的全局光照贴图（光子 render 贴图、灯光贴图和发光贴图）。这

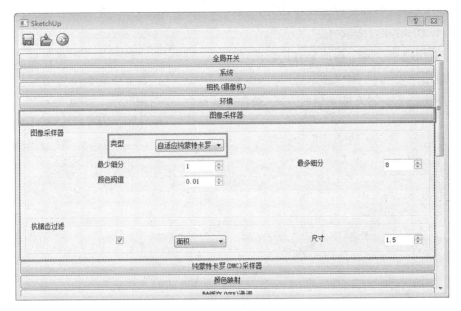

**图 6-18　"图像采样器"参数设置**

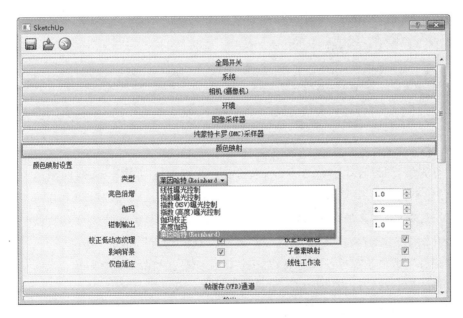

**图 6-19　"颜色映射"参数设置**

项功能对于渲染动画过程很有用。

　　"全局照明"：模拟真实的光场景，进行间接光的运算。

　　"后期处理"：主要是对渲染后的间接光照明进行加工和补充，一般情况下使用默认参数值。主要包括"饱和度""对比度""对比度基点"等指标设定。

"环境阻光":开启后会在物体交界处变暗,凸显明暗关系,更加有层次感。渲染模型材质的时候开启较好。

"首次渲染引擎":指的是直接光照,主要通过设定倍增值来确定。倍增值主要控制光照倍增强度,一般保持默认即可,如果其值大于10,整个场景会显得很亮。后面的选项主要是控制直接光照的方式,最常用的是"发光贴图"。

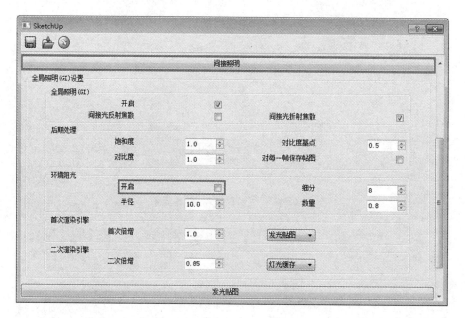

图 6-20 "间接照明"参数设置

### 8. 灯光缓存

"灯光缓存"设置如图 6-21 所示,能得到较好的渲染细节效果,时间上也可以得到很好的平衡,是一种近似于场景中全局光照明的技术。灯光缓存建立在追踪从摄像机可见的许许多多的光线路径的基础上,每一次沿路径的光线反弹都会储存照明信息,它们组成了一个三维结构,这一点非常类似于光子 Render 贴图。

"细分":数值越高精细度越高,对于整体计算速度和阴影计算影响很大。值越大质量越好。测试时可以设为 100~300,最终渲染时可设为 1000~1500。

"单位":分"屏幕"和"世界"。

"采样尺寸":一般保持默认。

"次数":确定在早期终止算法被使用之前必须获得的最少的样本数量。较高的取值将会减慢渲染速度,但同时会使早期终止算法更可靠。

图 6-21　"灯光缓存"设置

## 6.1.4　V-Ray 球

在 SketchUp 中,创建球体需要用到路径跟随的快捷键,在 V-Ray 中可以直接根据半径创建球体,大大缩短了建模时间,如图 6-22 所示。

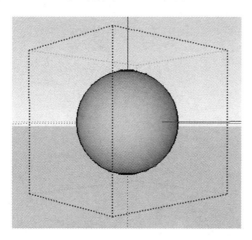

图 6-22　V-Ray 球

## 6.1.5　V-Ray 平面

在 SketchUp 中,无限平面相当于建立一个无限大的场地。有无 V-Ray 平面的效果对比,如图 6-23 所示。

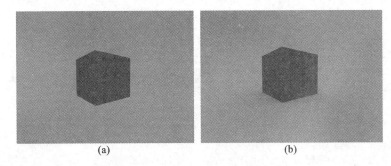

(a)          (b)

**图 6-23　V-Ray 平面效果对比**

(a) 无 V-Ray 平面;(b) 有 V-Ray 平面

## 6.2　SketchUp 动画工具

SketchUp 的优势不仅仅展现在三维建模方面,在创建三维动画方面也非常出色。只要合理使用 SketchUp 为我们提供的动画工具,再加上我们合理地对镜头进行把控,就可以创作出相当不错的动画方案。本节讲解在 SketchUp 中创建动画分镜头时常见的工具。

### 6.2.1　SketchUp 创建动画的基本工具

打开 SketchUp 操作界面,在工具栏中我们可以看到一些视图控制工具。在主菜单命令"相机"中也可以找到相应的工具,如图 6-24 所示。

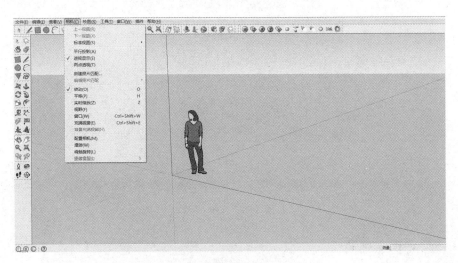

**图 6-24　视图控制工具**

## 6.2.2　转动工具

转动工具的图标为 🔄 ，此工具主要用于调整观察角度，使用此工具可使其围绕着一个固定的物体进行视图旋转。在使用转动工具的时候按住 Shift 键，可以激活视图平移工具，鼠标中键同样为转动工具的快捷键，如图 6-25 所示。

图 6-25　转动工具

## 6.2.3　实时缩放工具

在制作动画时会频繁要求更改相机视野，使用缩放工具 🔍 可以实现实时缩放视图，同时它还可以通过更改数值控制框中的参考值来改变相机的视野，如图 6-26、图 6-27 所示。

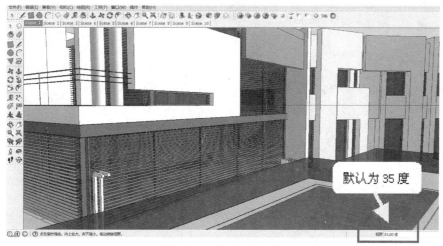

图 6-26　实时缩放工具

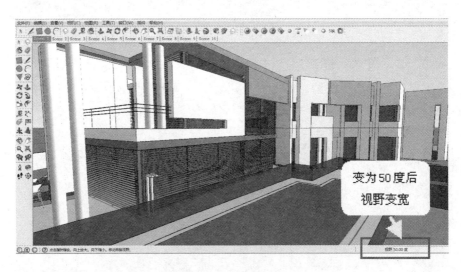

图 6-27　改变相机视野

### 6.2.4　相机位置工具

相机位置工具图标为 ⊈ ，此工具可以控制相机的位置，同时可输入目标点和视点高度等参数。在使用此工具时，确定相机位置，然后拖出目标点的位置，释放鼠标即已设定为相机，通过更改界面右下方的数值来确定视点高度，如图 6-28 所示。

图 6-28　相机位置工具

### 6.2.5　绕轴旋转工具

绕轴旋转工具的图标为 ⬚ ，在运用此工具时，它等同于相机位置不变时，左右前后转动相机得到的结果,在使用此工具时仍然可以通过在右下方数值控制框输入视线高度来进行控制,如图 6-29 所示。

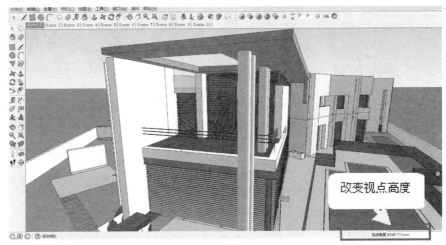

图 6-29　绕轴旋转工具

## 6.2.6　漫游工具

漫游工具的图标为 👣 ,此工具可模拟人的走动,即摄像机可观察到人走动时所观察到的东西。如果碰到墙壁等障碍时会被阻挡住,如果想穿越障碍,可按住 Shift 键穿越。如图 6-30 所示。

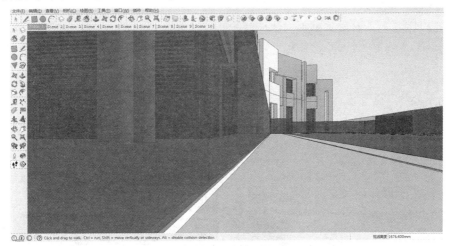

图 6-30　漫游工具

## 6.2.7　剖面工具

剖面工具的图标为 ⊕ ,使用剖面工具可以很方便地观察到复杂模型的内部空间与结构,同时使用此工具可配合做出建筑生长动画。如图 6-31 所示。

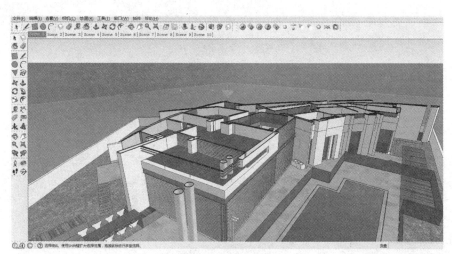

图 6-31  剖面工具

## 6.3  SketchUp 漫游动画制作

SketchUp 创建动画的模式实际是创作分镜头，最后连接制作成为漫游动画。所以我们在创建动画之前要思考自己需要在动画中怎样表现自己的设计，在制作动画之前应该有一个整体的构思。

### 6.3.1  SketchUp 创建建筑漫游动画

我们以一个小案例为例来讲解如何创建建筑漫游动画。首先确定我们的第一个镜头，点击菜单栏"查看"→"动画"→"添加页面"，即在左上方添加了一个动画镜头，如图 6-32 所示。

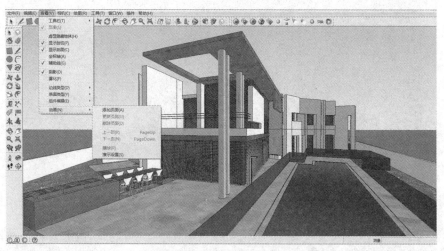

图 6-32  添加动画镜头

重复上述命令,添加我们的第二个动画镜头,如图 6-33 所示。

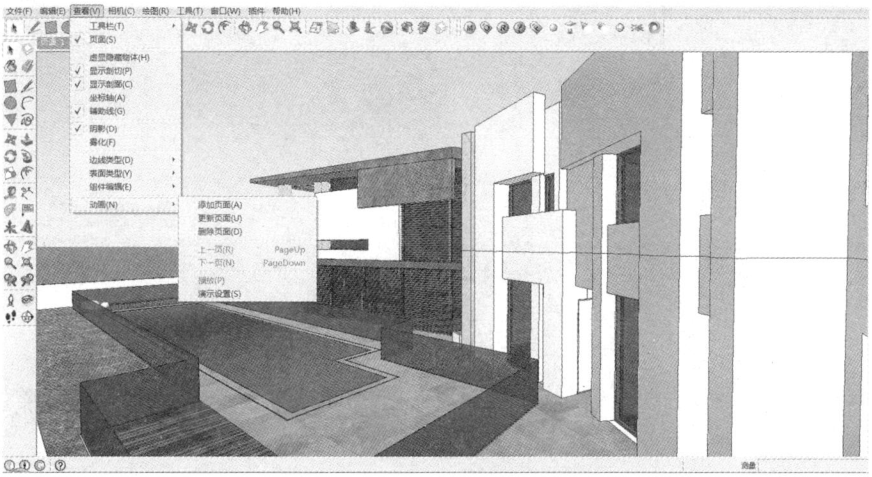

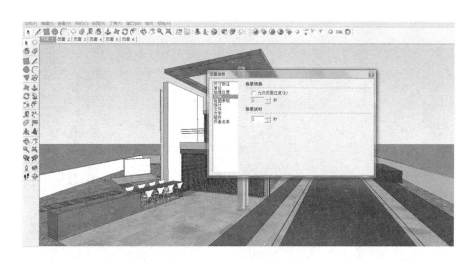

图 6-33　添加第二个动画镜头

在选定所有场景镜头以后,通过菜单栏"查看"→"动画"→"演示设置"命令,打开
"场景信息"面板来进行设置。在"场景转换"一栏中可设置两镜头之间动画持续的时
间,可根据实际需要来进行设置,数值越小,播放速度越快。在下方"场景延时"一栏
中可设置在开始播放动画之前应停顿多少秒,根据大家的需要来进行调整,一般情况
下可设置为"0",如图 6-34 所示。

图 6-34　"场景转换"设置

在调整好各项参数后,可通过点击主菜单上的"查看"→"动画"→"播放"命令,预览动画。如图 6-35 所示。

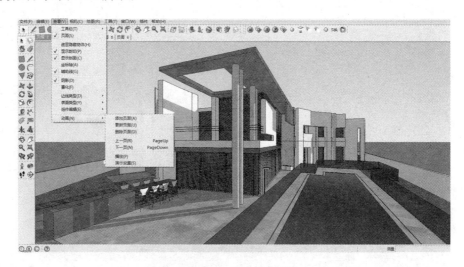

图 6-35　预览动画

### 6.3.2　SketchUp 创建建筑生长动画

在建筑设计中,有的时候需要通过制作建筑生长动画,来表达建筑构造、建筑平面、建筑空间、建筑整体与环境的关系等。以下介绍如何使用 SketchUp 创建建筑生长动画。

使用剖面工具,点击移动(M)命令,来对剖切部分进行上下调整,确定好镜头以后,点击菜单栏"查看"→"动画"→"添加页面",添加分镜头,如图 6-36 所示。

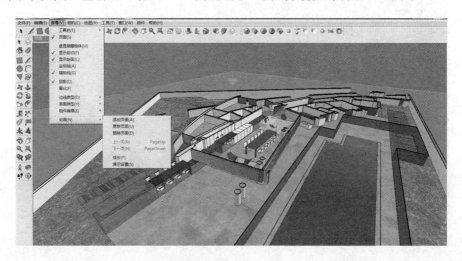

图 6-36　添加分镜头

重复上述命令,添加我们的第二个分镜头,如图 6-37 所示。

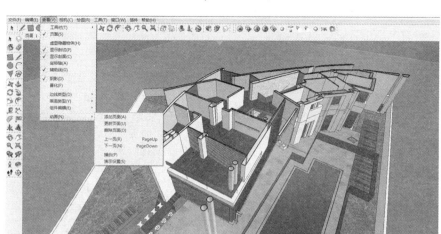

图 6-37　添加第二个分镜头

### 6.3.3　进行 SketchUp 动画设置

选定所有场景镜头以后,打开菜单栏"查看"→"动画"→"演示设置"命令,打开动画设置面板来进行设置。此时剖面在动画生成的时候也会添加进入画面,点击菜单栏"查看"→"显示剖切",在栏中将"显示剖切"的勾选去掉,如图 6-38 所示。

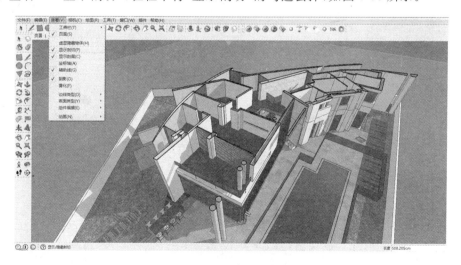

图 6-38　动画设置

### 6.3.4　SketchUp 动画渲染输出方法

当所有的镜头动画都制作完成以后,即可输出动画文件。此时点击主菜单上的

"文件"→"导出"→"动画"命令,打开动画文件保存面板,保存文件的时候我们可以选择不同的格式,可以完整的视频文件形式输出,也可以输出序列图片的形式输出,根据实际的需求来进行选择,如图6-39、图6-40所示。

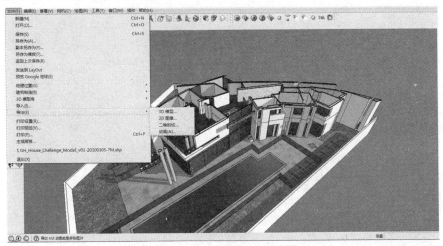

图 6-39　输出动画文件(1)

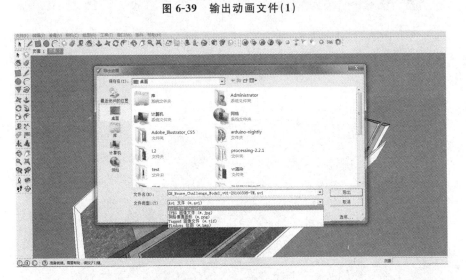

图 6-40　输出动画文件(2)

点击面板中的 选项... 按钮,可打开"动画导出选项"对话框,设置不同的参数,包括分辨率、播放帧数、视频压缩编码等,选择"完整帧(未压缩)"形式可以得到最好的视频输出效果,如图6-41所示。在视频输出之后可配合其他的后期合成编辑软件对视频进行后期处理。

SketchUp的动画制作功能为我们提供了用三维漫游表达自己方案的高效工具,只有合理地使用工具,合理地安排镜头和漫游路径,才可创造出满意的漫游动画方案。

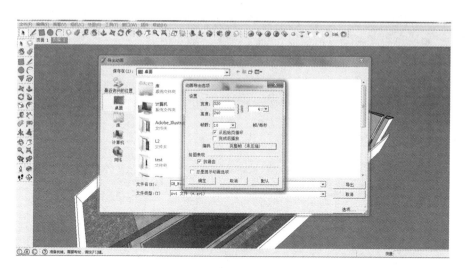

图 6-41　"动画导出选项"对话框

## 【本章小结】

| V-Ray 渲染器工具 | 1. V-Ray 工具栏的操作界面。<br>2. 使用"V-Ray 材质编辑器"为对象模型赋予材质和颜色。<br>3. 通过 V-Ray 渲染设置面板,获得合适的渲染分镜头效果。 |
|---|---|
| SketchUp 动画工具 | 1. 视图控制基本工具。<br>2. 转动工具、实时缩放工具。<br>3. 相机位置工具、绕轴旋转工具。<br>4. 漫游工具、剖面工具。 |
| SketchUp 漫游动画制作 | 1. 使用 SketchUp 动画设置面板通过场景转换来进行漫游效果设置。<br>2. 制作建筑生长动画,来表达建筑构造、建筑平面、建筑空间、建筑整体与环境的关系等。<br>3. 选定所有场景镜头以后,进行 SketchUp 动画设置。<br>4. 所有的镜头动画都制作完成以后,设定动画渲染输出。 |

## 【思考题】

1. "V-Ray 材质编辑器"可以设置哪些材质参数?

2. "V-Ray 材质编辑器"的"相机"参数设置包括哪些内容?

3. "V-Ray 材质编辑器"的 HDRI 贴图可以实现哪些效果?

4. "V-Ray 材质编辑器"的灯光和照明有哪些参数类型可供选择?

5. SketchUp 提供哪些创建动画的基本工具？分别能实现哪些功能？

6. 如何使用动画设置面板设定特定场景的漫游镜头？

7. 如何创建建筑生长动画，来表达建筑构造、建筑平面、建筑空间、建筑整体与环境的关系？

8. 创建建筑漫游动画后，如何输出视频文件？

## 【练习题】

使用 SketchUp 动画工具结合 V-Ray 渲染器，针对某一具体建筑案例制作漫游动画。

# 第七章　SUAPP 插件与其他常用插件

## 【知识目标】

■ 了解 SUAPP 等常用插件工具，掌握插件工具的基本操作流程。

■ 掌握使用插件工具进行墙体建模、窗户建模、栏杆建模、楼梯建模、幕墙建模等操作原理。

■ 熟悉使用推拉插件进行多面同时推拉、任意方向推拉建模；掌握用曲面插件进行曲面建模的操作原理。

SketchUp 的插件也称为脚本（Script），是 Ruby 语言编制的实用程序，为 SketchUp 提供建模的便捷通道，通常插件程序文件的扩展名为".rb"。一个简单的 SketchUp 插件只有一个 rb 格式的文件，复杂一点的可能会有多个 rb 格式的文件，并带有自己的文件夹和工具图标。使用插件工具可以快速创立门、窗、洞口、楼梯等构件，并赋予材质和颜色。但它在快速创建建筑构件的同时，不支持异形门、窗、洞口、楼梯的创立。

## 7.1　SUAPP 插件工具

SUAPP 是一款针对 SketchUp 建筑建模的非常强大的插件工具集，包含了 100 多项使用功能，大幅度提高了 SketchUp 的快速建模能力。

### 7.1.1　SUAPP 功能菜单

在正确安装 SUAPP 插件以后，执行"插件"菜单命令即可进入其子菜单选择对应的功能命令，如图 7-1 所示。

### 7.1.2　SUAPP 插件基本工具栏

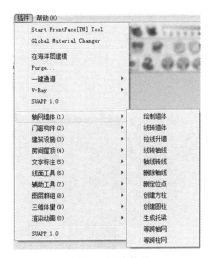

**图 7-1　插件菜单**

SUAPP 插件（10 个分类，118 项功能）的增强菜单中提取了 19 项常用且具有代表性的功能，通过图标工具栏的方式显示出来，方便用户操作使用，如图 7-2 所示。

图 7-2　SUAPP 图标工具栏

### 7.1.3　墙体建模

在用 SketchUp 工具绘制墙体的过程中,用直线工具在平面上绘制出墙体的宽度,然后再用推拉工具将墙体拉伸至相应的高度。使用 SUAPP 插件工具绘制墙体,在绘制精确模型的同时,能够很快地将模型绘制完毕。

（1）执行"插件"→"轴网墙体"→"绘制墙体"菜单命令,如图 7-3 所示。

（2）打开"墙体参数"对话框,在"墙体参数"创建面板中设置"墙体宽度"和"墙体高度"数值,单击"确定"按钮,如图 7-4 所示。

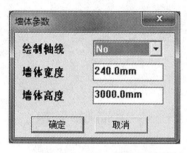

图 7-3　"绘制墙体"命令　　　　　图 7-4　"墙体参数"设置

（3）在相应的位置处按住鼠标左键拖动,确定墙体方向和长度,松开鼠标左键即可生成墙体,如图 7-5 所示。

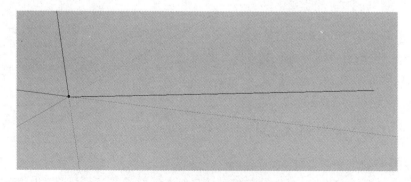

图 7-5　快速生成墙体

### 7.1.4　门窗建模

在使用 SketchUp 绘制模型的时候,用常规做法进行门窗构件建模是比较麻烦的一个过程。使用 SUAPP 插件绘制门窗的时候,可以根据参数快捷地绘制出想要的门窗。

(1) 点击执行“插件”→“门窗构件”→“墙体开窗”或“插件”→“门窗构件”→“墙体开门”命令,如图 7-6 所示。

(2) 在弹出的“门参数设置”或“Creat Window”面板中设置自己需要的数据,单击“确定”按钮,如图 7-7、图 7-8 所示。

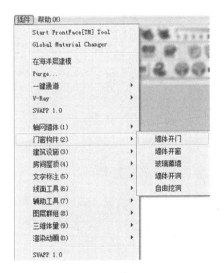

图 7-6　“墙体开门”命令

图 7-7　“门参数设置”面板

(3) 在相应的门窗位置处点击左键就可以生成相应的门窗,如图 7-9 所示。

图 7-8　“Creat Window”面板

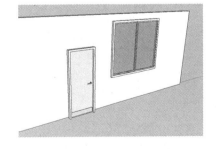

图 7-9　生成门窗

### 7.1.5　栏杆建模

在绘制模型的时候栏杆属于小构件,但也是建模过程中非常烦琐的构件。在常规栏杆模型的创建过程中,我们通常反复使用组件和推拉工具来实现构件建模。使用 SUAPP 插件,可以一键生成满足构造要求的栏杆构件。

（1）选择一条直线,然后点击执行"插件"→"建筑设施"→"创建栏杆"菜单命令,如图 7-10 所示。

（2）在"栏杆构件"面板中设置所需要的参数数值,点击"确定",如图 7-11 所示。

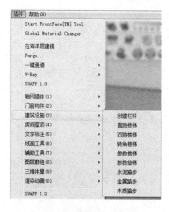

图 7-10　"创建栏杆"命令

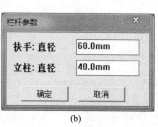

(a) (b)

图 7-11　栏杆设置

(a)"栏杆构件"面板;(b)"栏杆参数"设置

（3）单击"确定"即可在开始选择的线段上生成相应的栏杆,如图 7-12 所示。

## 7.1.6　楼梯建模

使用 SketchUp 常规方法进行楼梯建模的过程比较复杂,需要多次创建组件,利用推拉工具实现。使用 SUAPP 插件是可以直接创建的。

（1）点击执行"插件"→"建筑设施"→"直跑楼梯（双跑楼梯、转角楼梯、参数楼梯、参数旋梯、水泥踏步、金属踏步、木质踏步）"命令,根据自己的需要选择一个楼梯类型,如图 7-13 所示。

图 7-12　栏杆生成效果　　　　　　图 7-13　楼梯创建命令

（2）相应的楼梯有相应的参数设置，根据自己的需要选择相应的楼梯，设置相应的参数，如图 7-14 所示。

图 7-14　楼梯参数设置

（a）直跑楼梯参数；（b）双跑楼梯参数；

（c）转角双跑楼梯参数；（d）单跑楼梯参数；

（e）螺旋楼梯参数；（f）水泥楼梯参数；

（g）金属楼梯参数；（h）木质楼梯参数

续图 7-14

点击"确定"即可生成相应的楼梯样式,如图 7-15 所示。

### 7.1.7 创建几何体

通过"三维体量"菜单命令,如图 7-16 所示,可以快速创建一些常用的几何体模型,如图 7-17 所示。

### 7.1.8 玻璃幕墙

玻璃幕墙是现行建筑中较为流行的一种特殊墙体,主要由幕墙、横撑及竖梃组成。在常规 SketchUp 模型绘制中,绘制步骤为利用直线工具将幕墙长度绘制出来,并形成闭合平面,再使用推拉工具将平面拉伸至相应位置,完成玻璃部分绘制。随后在玻璃上创建一个平面作为横撑部分,使用矩形工具创建长条矩形,再使用组件工具将平面建组,双击进入组件,再推拉平面至相应高度,完成横撑部分创立。随后在玻璃上创建一个平面作为竖梃部分,使用矩形工具创建长条矩形,再使用组件工具将平面建组,双击进入组件,再推拉平面至相应高度,完成竖梃部分创立。

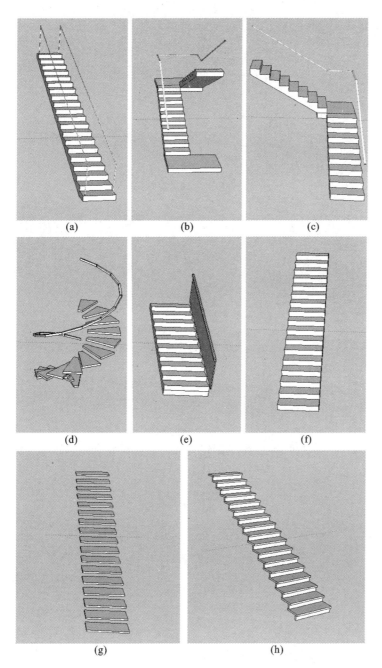

**图 7-15 楼梯生成效果**

（a）直跑楼梯；（b）双跑楼梯；（c）转角楼梯；（d）螺旋楼梯；

（e）参数楼梯；（f）水泥楼梯；（g）金属楼梯；（h）木质楼梯

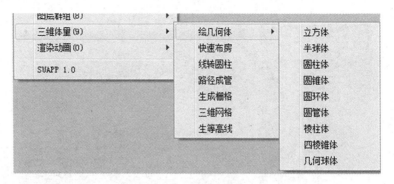

图 7-16 "三维体量"命令

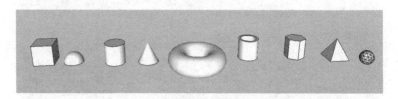

图 7-17 几何体模型

使用 SUAPP 插件可以通过当前创建的模型生成玻璃幕墙,具体操作如下。

(1) 首先在视图中创建一个平面,执行"插件"→"门窗构件"→"玻璃幕墙"菜单命令,如图 7-18 所示。

(2) 在弹出的"玻璃幕墙参数设置"对话框中设置玻璃幕墙模型的各种特征,如图 7-19 所示。

(3) 单击"确定"按钮,即可将平面转变成与参数设定相对应的玻璃幕墙模型,如图 7-20 所示。

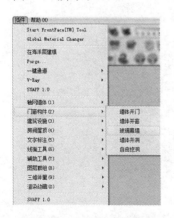

图 7-18 "玻璃幕墙"命令

图 7-19 "玻璃幕墙
参数设置"

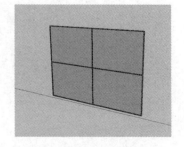

图 7-20 玻璃幕墙效果

# 7.2　快速推拉插件工具

SketchUp 中默认的推拉工具只能在一个面上进行垂直于面的推拉，在我们绘制模型的时候会出现一些限制，通过快速推拉插件，可以突破其中的诸多限制，实现多面同时推拉、任意方向推拉等操作。

成功安装快速推拉插件以后，执行"视图"→"工具栏"→"超级推拉"菜单命令，调出其工具栏，如图 7-21 所示，单击相应工具按钮，即可完成相应推拉操作。

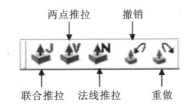

**图 7-21　超级推拉工具栏**

## 7.2.1　联合推拉

SketchUp 默认的推拉工具每次只能进行单面的推拉，如图 7-22 所示。在相邻面进行推拉的时候则会保持垂直于面的方向上的推拉，形成分叉的效果，如图 7-23 所示。

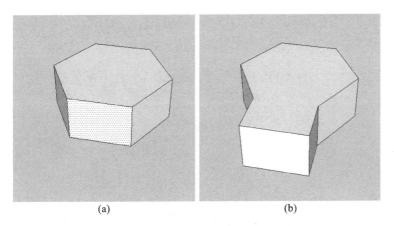

(a)　　　　　　　　　　　　(b)

**图 7-22　默认推拉工具推拉效果（1）**

（a）选择推拉面；（b）推拉后效果

使用联合推拉插件，可以同时选择相邻以及间隔面进行推拉，且相邻面会产生合并的推拉效果，如图 7-24、图 7-25 所示。

进行联合推拉时，单击鼠标右键，可以进入参数面板，如图 7-26 所示。

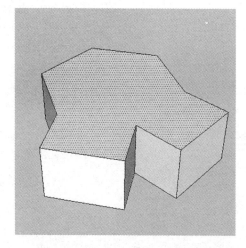

图 7-23　默认推拉工具推拉效果(2)

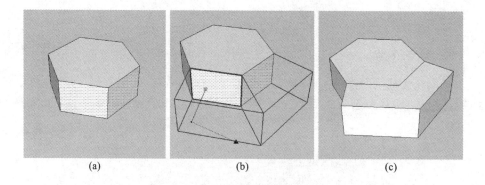

图 7-24　联合推拉工具推拉效果(1)

(a) 选择相邻面;(b) 相邻面联合推拉;(c) 推拉后效果

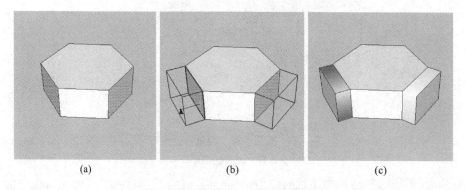

图 7-25　联合推拉工具推拉效果(2)

(a) 选择间隔面;(b) 间隔面联合推拉;(c) 推拉后效果

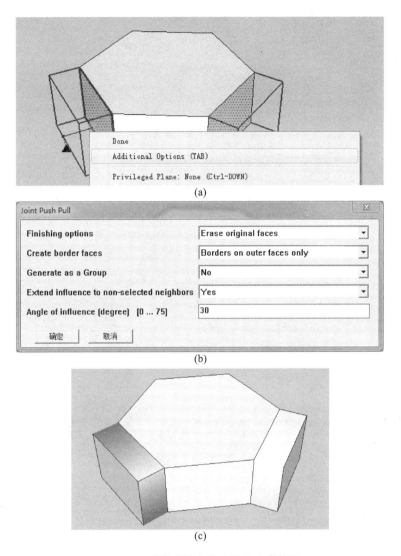

**图 7-26　联合推拉参数设置及完成效果**

（a）选择推拉面；（b）参数面板；（c）联合推拉完成效果

## 7.2.2　两点推拉

SketchUp 默认的推拉工具只能进行单个平面在法线方向上的推拉，在选择两点推拉工具时可进行任意方向上的推拉，如图 7-27 所示。

在推拉过程中按 Tab 键，可以打开两点推拉的参数设置框，从中设置推拉参数，如图 7-28 所示；设置完成后单击"确定"按钮，完成自由推拉效果，如图 7-29 所示。

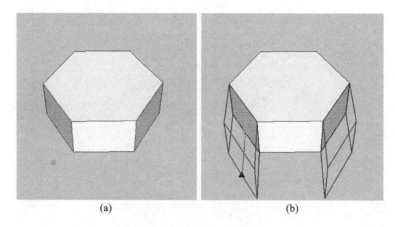

(a)　　　　　　　　　　　(b)

**图 7-27　两点推拉工具效果**

（a）选择多面进行两点推拉；（b）进行两点推拉

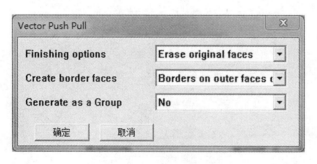

**图 7-28　两点推拉参数设置**

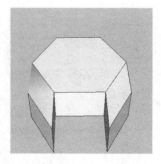

**图 7-29　两点推拉完成效果**

### 7.2.3　法线推拉

用 SketchUp 默认的推拉工具进行推拉的时候只能在法线方向上进行单面推拉，使用法线推拉工具可以对多个面进行法线方向上的推拉，如图 7-30 所示。

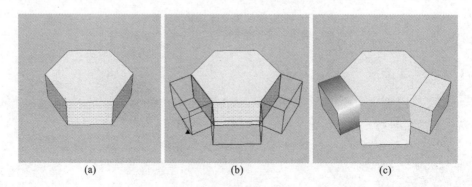

(a)　　　　　　　　　　(b)　　　　　　　　　　(c)

**图 7-30　法线推拉工具效果**

（a）选择要推拉的多个面；（b）选择多面执行法线推拉；（c）多面法线正面推拉效果

使用法线推拉工具向后推拉时,会产生反向延长效果,如图 7-31、图 7-32 所示。

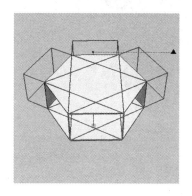

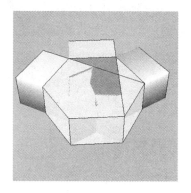

图 7-31　法线推拉反向延长效果(1)　　　　　图 7-32　法线推拉反向延长效果(2)

## 7.2.4　撤销与重做

连续使用超级推拉工具进行推拉以后,单击撤销工具将逐步返回,如图 7-33 所示。

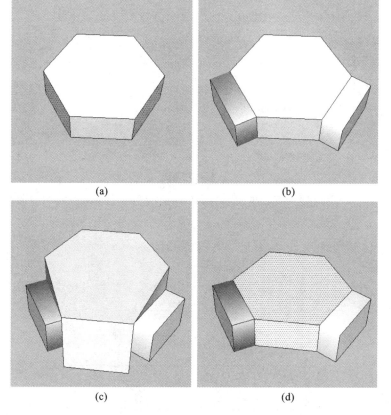

(a)　　　　　　　　　　　　　　(b)

(c)　　　　　　　　　　　　　　(d)

图 7-33　撤销

(a) 选择面进行推拉;(b) 执行推拉效果;(c) 再次执行推拉;(d) 按钮返回上一步效果

当使用推拉工具对一些面进行推拉后,需要对其他面也进行相同操作的时候,单击重做按钮即可生成与上一步一样的效果,与双击 SketchUp 默认的推拉工具产生的效果一样,如图 7-34 所示。

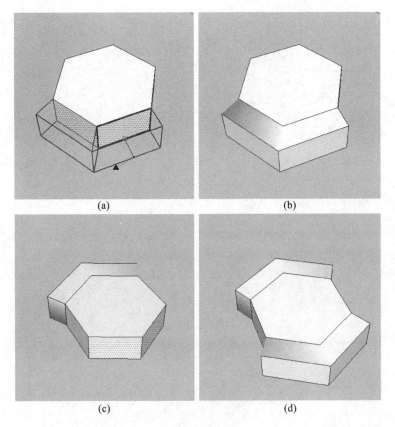

**图 7-34　重做**

(a) 选择多面进行推拉;(b) 推拉完成;(c) 选择其他面并单击重做按钮;(d) 重复推拉效果

## 7.3　曲面插件工具

曲面建模(Soap Bubble)插件在曲面建模方面功能非常强大。安装好插件后,在 SketchUp 操作界面中可以打开其工具栏,如图 7-35 所示。

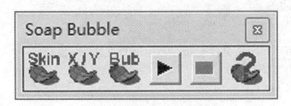

**图 7-35　曲面建模工具栏**

### 7.3.1　Skin(生成网格)工具

选择好封闭的线或平面网格,在数值输入框中可以控制网格的密度,其取值范围为 1~30,输入所需数值后,按 Enter 键可以观察到网格的计算和生成过程。

选择封闭的线,如图 7-36 所示。单击生成网格工具 🦆,输入细分值"20",生成的网格如图 7-37 所示。

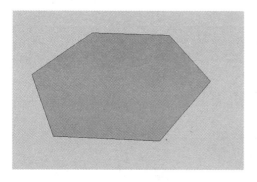

图 7-36　选择封闭的线

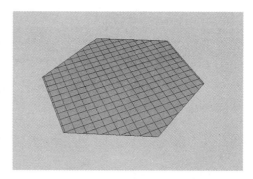

图 7-37　生成网格

### 7.3.2　X/Y(X/Y 比率)工具

当单击 X/Y 工具 🦆 后,会生成一个曲面群组。选择此曲面群组并单击该工具,在输入 X/Y 比率(0.01~100)后直接按 Enter 键确定,即可调整曲面中间偏移的效果,这个值的确定非常重要,会影响到后面曲面的压边效果。

### 7.3.3　Bub(起泡)工具

使用 Bub 🦆 工具同样需要选择网格群组,然后单击该工具,在数值框中输入压力值(该值可正可负)可使曲面整体内向或外向偏移,以产生曲面效果,如图 7-38 与图 7-39 所示为压力值为 50 和 100 的不同效果。

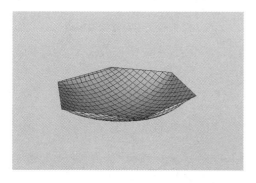

图 7-38　压力值为 50 的效果

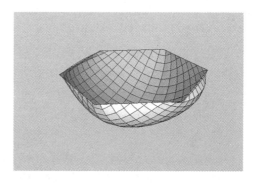

图 7-39　压力值为 100 的效果

### 7.3.4 快速圆(倒)角插件

使用快速圆(倒)角插件,可以快速制作十分精细的圆(倒)角效果,从而加强模型的细节表现力。

成功安装圆(倒)角插件后,如果 SketchUp 内部没有出现圆(倒)角插件,执行"查看"→"工具栏"→"Round Corner"菜单命令,调出其工具栏如图 7-40 所示。

图 7-40 圆(倒)角插件工具栏

**1. 面圆角**

先在场景里面创建一个棱柱体,如图 7-41 所示。

单击光滑圆角按钮,选择棱柱的一个面,周边出现红色的圆角范围提示框,如图 7-42 所示。

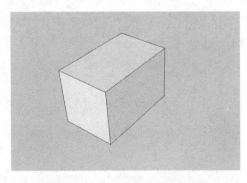
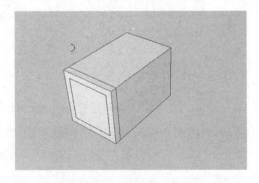

图 7-41 创建棱柱体      图 7-42 圆角范围提示框

参考范围框,在文本框内输入圆角半径值,然后连续按两次 Enter 键,即可完成这个面的圆角,如图 7-43 所示。

使用光滑圆角按钮不仅可以一次性完成选择的面中所有线段的圆角处理,还可以单独处理某些线段的圆角效果。

**2. 线圆角**

单击光滑圆角按钮,双击选择目标,如图 7-44 所示;参考提示范围,在文本框中输入圆角半径,连续按两次 Enter 键即可完成圆角效果,如图 7-45 所示。

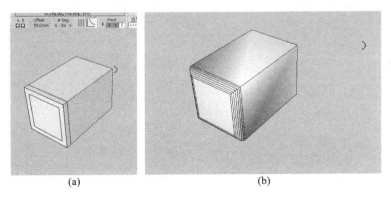

(a) (b)

**图 7-43　绘制圆角**

(a)调整圆角半径;(b)棱柱面圆角完成效果

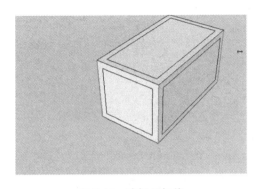

**图 7-44　选择目标线**

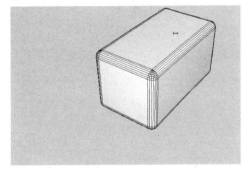

**图 7-45　绘制圆角**

### 3. 面倒角

单击倒角按钮,单击选择目标,参考提示范围,在文本框中输入倒角值,单击 Enter键即可完成倒角效果,如图 7-46、图 7-47 所示。

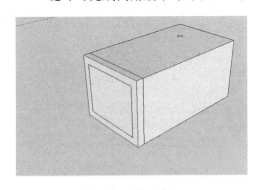

**图 7-46　选择目标面**

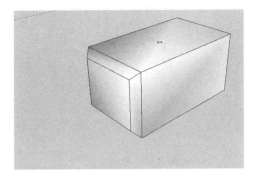

**图 7-47　绘制面倒角**

### 4. 线倒角

单击倒角按钮,双击选择目标,参考提示范围,在文本框中输入倒角值,单击

Enter键,即可完成倒角效果,如图 7-48、图 7-49 所示。

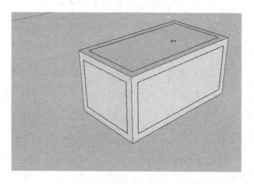
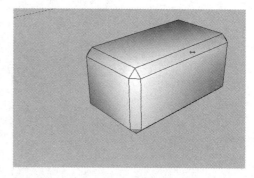

图 7-48　选择目标线　　　　　　　　图 7-49　绘制线倒角

### 7.3.5　曲面分割插件

使用曲面分割插件,可以自由地在曲面上进行任意形状的细分割,并能进行偏移复制、轮廓调整等编辑,极大地加强了 SketchUp 在曲面上的细化和编辑能力,其工具栏如图 7-50 所示。

图 7-50　曲面分割插件工具栏

#### 1. 曲面画线

在场景中绘制一个弧形曲面,如图 7-51 所示;单击曲面画线按钮,在弧形曲面上确定表面上的两点,绘制任意线段,如图 7-52 所示。

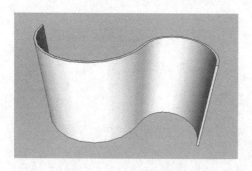
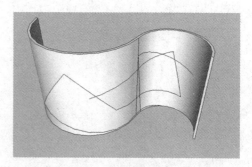

图 7-51　绘制曲面　　　　　　　　图 7-52　绘制线段

#### 2. 曲面常用二维图形

曲面分割工具中包括矩形、圆形、多边形、椭圆、平行四边形以及圆弧 6 种常用的工具,这里以矩形分割为例进行说明,其他操作类似。

单击曲面矩形按钮，在曲面目标位置单击鼠标确定分割，在曲面上拖动创建另一个角点，单击确定即可完成对应分割，如图 7-53、图 7-54 所示。

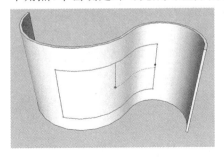

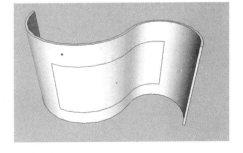

图 7-53　确定分割位置　　　　　　　　　　　图 7-54　完成分割

单击其他曲面二维图形工具，通过相同的操作过程，可以非常方便地在曲面上绘制对应的分割面，如图 7-55 所示。

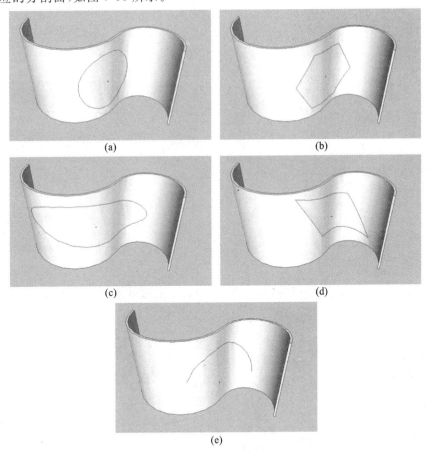

图 7-55　绘制分割面

(a) 曲面圆形绘制效果；(b) 曲面多边形绘制效果；(c) 曲面椭圆绘制效果；
(d) 曲面平行四边形绘制效果；(e) 曲面圆弧绘制效果

### 3. 曲面三点画圆

常规的曲面图形工具通过圆心与直径创建，创建灵活度不高，单击曲面三点画圆按钮，可以通过三点定位，自由绘制出表面的圆形分割面，如图 7-56、图 7-57 所示。

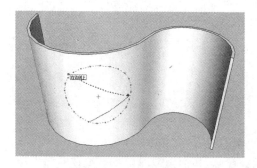
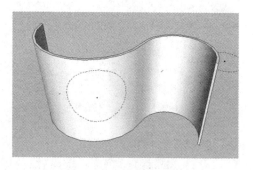

图 7-56　三点定位　　　　　　　　　　图 7-57　绘制圆形分割面

### 4. 曲面扇形

单击曲面扇形按钮，在曲面上单击确定圆心后拖动鼠标，即可创建任意弧度的扇形区域分割面，如图 7-58、图 7-59 所示。

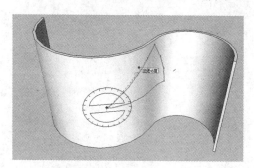
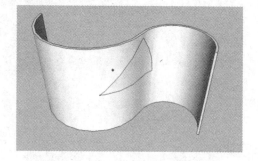

图 7-58　确定圆心　　　　　　　　　　图 7-59　绘制扇形分割面

### 5. 曲面偏移

当曲面上存在线段或分割面的时候，单击曲面偏移按钮，选择对应的线段或分割面，即可自由进行偏移操作，如图 7-60、图 7-61 所示。

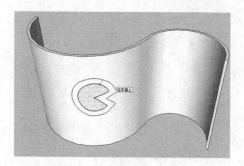
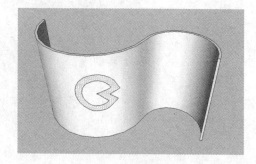

图 7-60　选择线段或分割面　　　　　　图 7-61　偏移操作效果

**6. 曲面轮廓调整**

当曲面上存在线段或分割面时,单击曲面轮廓调整,选择对象即可通过控制点调整其造型,如图 7-62、图 7-63 所示。

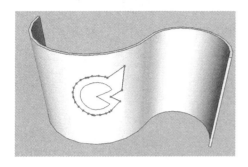

图 7-62　选择对象

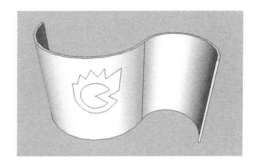

图 7-63　调整造型效果

## 【本章小结】

| | |
|---|---|
| SUAPP 插件工具 | 1. SUAPP 插件工具集的操作界面。<br>2. 使用 SUAPP 插件工具快速创立门、窗、洞口、楼梯等构件并赋予材质和颜色。<br>3. 使用 SUAPP 插件工具快速建立玻璃幕墙模型并赋予材质和颜色。 |
| 快速推拉插件工具 | 通过使用快速推拉插件,可以突破 SketchUp 原有建模推拉工具的诸多限制,实现多面同时推拉、任意方向推拉等操作。 |
| 曲面插件工具 | 1. 使用曲面插件工具 Skin、X/Y、Bub 进行快速曲面建模。<br>2. 使用圆(倒)角插件工具对曲面体模型进行快速修改和编辑。<br>3. 使用曲面分割插件,在已建曲面模型上进行任意形状的细分割,并能进行偏移复制、轮廓调整等编辑工作。 |

## 【思考题】

1. SUAPP 插件工具集有哪些具体快捷功能?
2. 使用 SUAPP 插件工具快速创立门、窗模型需要考虑设置哪些内容的参数?
3. 使用 SUAPP 插件工具快速创立栏杆模型与使用 SketchUp 体块建模有何区别?
4. 使用 SUAPP 插件工具快速创立楼梯模型有哪些楼梯类型可供选择?
5. 使用快速推拉插件工具可以从哪些角度实现多面同时推拉?
6. 使用曲面插件工具和使用 SketchUp 体块曲面建模流程有何区别?

7. 使用曲面分割插件在已建曲面模型上进行任意形状的细分割时,有哪些分割方式?

## 【练习题】

使用 SUAPP 插件工具结合曲面插件针对某一具体曲面壳体建筑案例进行三维建模。

# 第八章 平屋顶小别墅建模

【知识目标】
- 了解小型居住建筑三维建模前识图和读图基本方法。
- 掌握小型居住建筑三维建模的基本操作流程。
- 熟悉小型居住建筑主要构件的三维建模方法。

## 8.1 平屋顶小别墅建筑识图案例分析

识图和读图是使用 SketchUp 工具进行三维建筑建模最基础最重要的步骤之一,能让我们正确且全面地认识整个建筑的空间尺度和大致空间形体构成,作为三维建模工作的思考基础。本章需要我们完成建模工作的平屋顶小别墅案例图纸详见图 8-1 至图 8-9。

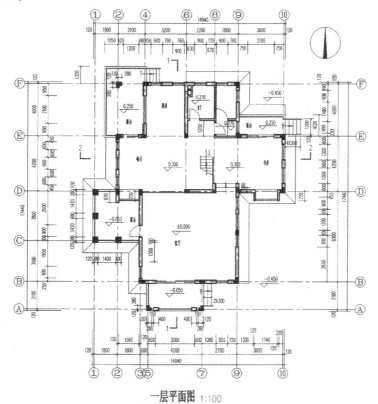

**一层平面图** 1:100

图 8-1 一层平面图

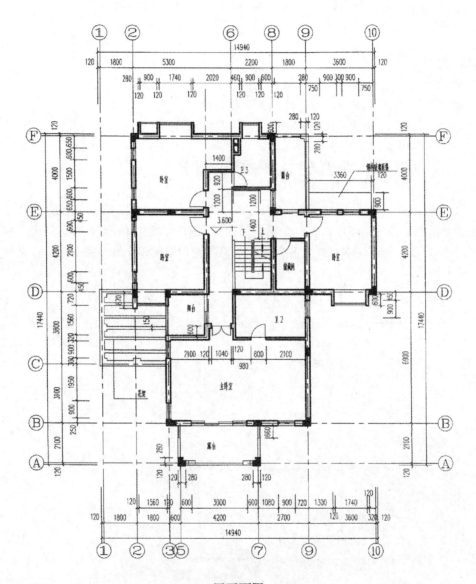

**二层平面图** 1:100

图 8-2 二层平面图

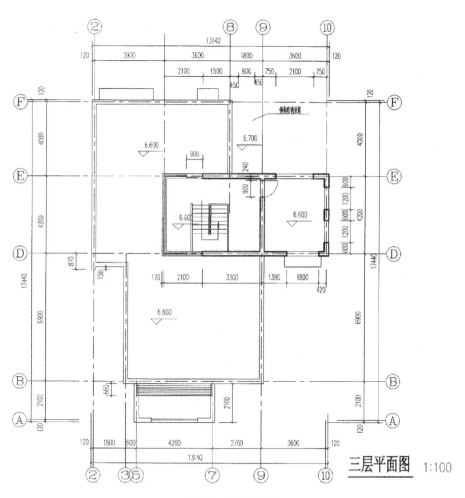

**三层平面图** 1:100

**图 8-3　三层平面图**

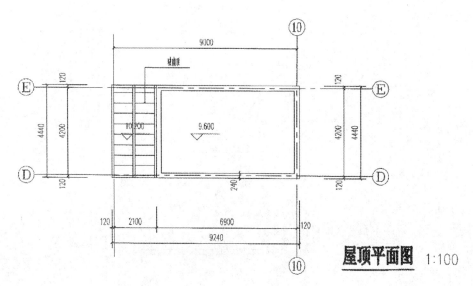

图 8-4 屋顶平面图

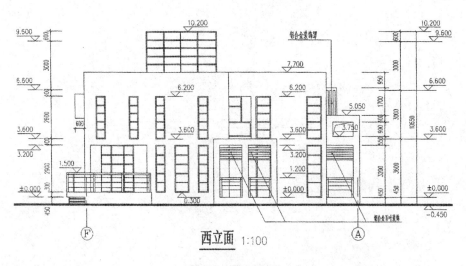

图 8-5 西立面图

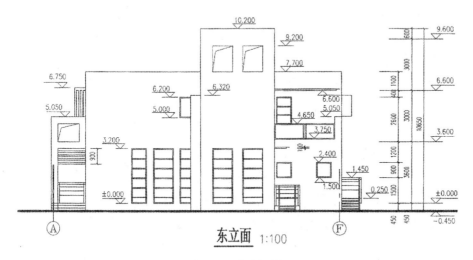

图 8-6　东立面图

图 8-7　南立面图

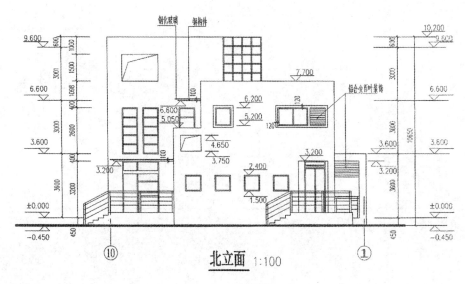

图 8-8　北立面图

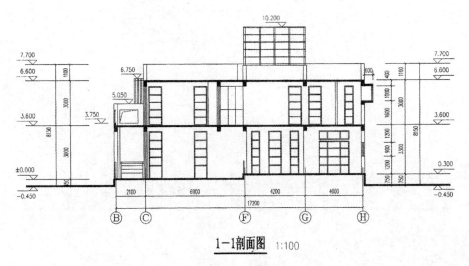

图 8-9　1—1 剖面图

识图和读图要点。从上面图纸的一层平面图和剖面图中可以看出：一层平面的不同功能区之间存在高差，建模时要注意室内外高差，尤其是入口处的台阶、平台和雨篷构件建模的准确性；二层平面图结合立面图可以看出，一层右下角的露台只有一层空间，露台上部有构架顶廊；露台与一般室内空间不同，应多结合立面图进行分析；三层平面图中因为不含露台，所以没有轴号 1 和轴号 C，没有被加粗的细线图示内容为看线，表示该部分建筑层数为两层及以下，但结合剖面图可以看出构件内容，要注意屋顶女儿墙的高度。结合三层平面图和立面图，可以发现楼梯间是建筑最高部位，且局部设有玻璃幕墙，局部墙体有洞口；南立面和西立面建模需要注意窗户、阳台、铝合金百叶的尺寸和材质；北立面和东立面建模需要注意墙体洞口、窗户、铝合金百叶的尺寸和材质。

## 8.2　平屋顶小别墅基础体块建模

本案例中小别墅建筑由三层组成，我们建模时从一层平面着手。

### 8.2.1　一层平面

别墅的基础体块建模，首先从别墅的一层平面的绘制入手。平屋顶小别墅的基础体块建模步骤如下。

（1）调整视图。单击视图工具栏上的俯视图 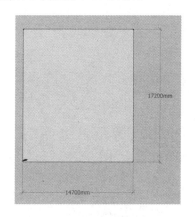，将视图调整为俯视图状态，便于建模绘图。

（2）使用矩形工具（快捷键 R）绘制一个边长分别为 14700 mm、17200 mm 的矩形平面，如图 8-10 所示。

（3）分割平面。单击直线工具（快捷键 L）在矩形上分割底面，得到一层平面外轮廓，尺寸如图 8-11 所示。

图 8-10　绘制矩形

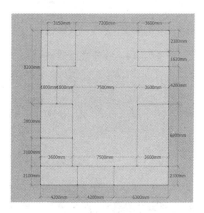

图 8-11　分割平面

### 8.2.2 生成体块

绘制好一层平面的形状后,就要对平面进行生成体块操作,具体步骤如下。

(1)单击推拉工具(快捷键 P)将中间的体块拉伸,输入高度"3600 mm",如图 8-12所示。

(2)单击擦除工具(快捷键 E)将体块上的多余线条删除,如图 8-13 所示。

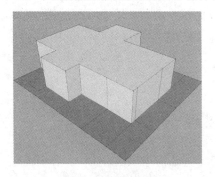

图 8-12　拉伸体块

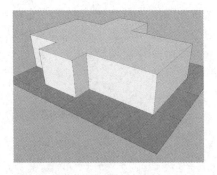

图 8-13　删除多余线条

(3)继续推拉第二层平面,高度为 3000 mm,如图 8-14 所示。

(4)在第二层右上部分使用推拉工具 ⬥ 推拉平齐,如图 8-15 所示,然后旋转视图如图 8-16 所示,继续向后推拉 1800 mm,如图 8-17 所示。

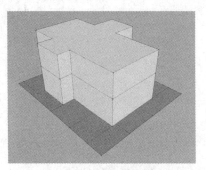

图 8-14　拉伸二层体块

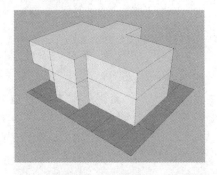

图 8-15　推拉平齐

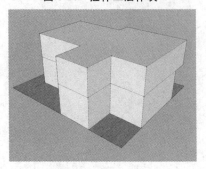

图 8-16　旋转视图

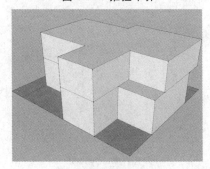

图 8-17　推拉体块

（5）调整视图为顶视图，使用直线工具在二层平面上分割图形，如图 8-18 所示。然后使用推拉工具 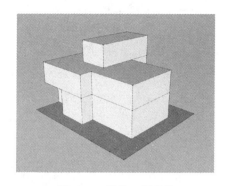 推拉 3000 mm，三层体块建模完成，如图 8-19 所示。

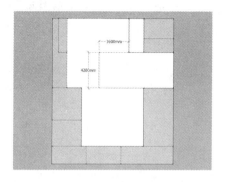

图 8-18　分割图形

图 8-19　拉伸三层体块

（6）继续对体块进行细节处理。将一层和二层的体块使用推拉工具 推拉，如图 8-20、图 8-21 所示。

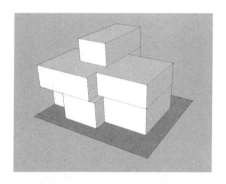

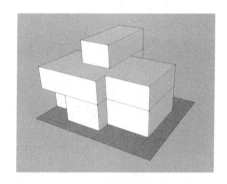

图 8-20　一层细节处理

图 8-21　二层细节处理

（7）使用直线工具绘制墙体，厚度为 240 mm，如图 8-22 所示。然后使用推拉工具 往后推拉 150 mm，如图 8-23 所示。

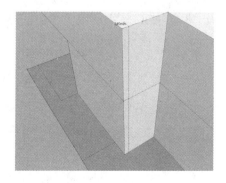

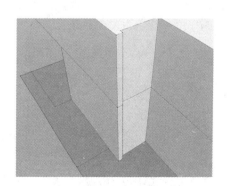

图 8-22　绘制墙体厚度

图 8-23　推拉墙体

### 8.2.3 平屋顶建模

体块建模完成后,我们就要对平屋顶进行建模,平屋顶建模的关键是女儿墙的建模。

(1) 使用直线工具对第三层平面进行分割,如图 8-24 所示,再使用推拉工具 向上推拉 600 mm,如图 8-25 所示。

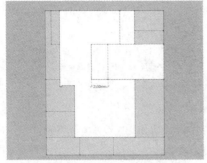
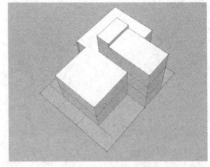

图 8-24　分割三层平面　　　　　　　　图 8-25　推拉体块

(2) 使用偏移工具(快捷键 F),将第三层平面向内偏移 240 mm,如图 8-26 所示,然后使用推拉工具将其向上推拉 600 mm,形成女儿墙,如图 8-27 所示。

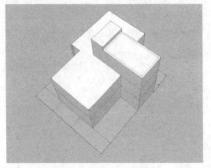
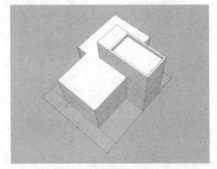

图 8-26　偏移平面　　　　　　　　　　图 8-27　推拉出女儿墙

(3) 将第二层的屋面凸出的 240 mm 墙用直线工具将其连接,如图 8-28 所示。对第二层的屋面轮廓也向内偏移 240 mm,如图 8-29、图 8-30 所示,然后对其使用推拉工具推拉 1100 mm,完成第二层屋顶女儿墙的建模,如图 8-31 所示。

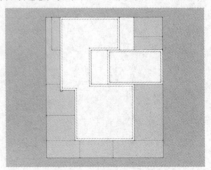

图 8-28　直线连接　　　　　　　　　　图 8-29　偏移轮廓(1)

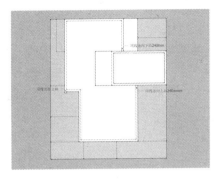

图 8-30　偏移轮廓(2)

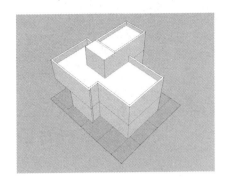

图 8-31　二层女儿墙效果

# 8.3　平屋顶小别墅附属构件建模

小别墅的基础体块建模完毕后,就可以开始着手对其附属构件部分进行建模。主要由阳台、栏杆、花架、雨篷、室外台阶等几部分组成。

## 8.3.1　阳台建模

在第二层的平面图上有一个阳台需要绘制,绘制步骤如下。

(1) 在第二层表面上,使用直线工具绘制一个边长为 2600 mm、4500 mm 的矩形,如图 8-32 所示。

(2) 使用推拉工具向后推拉 2100 mm,如图 8-33 所示。

(3) 使用推拉工具将左侧向左推拉 720 mm,如图 8-34 所示。

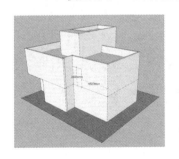

图 8-32　绘制矩形

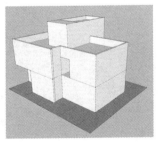

图 8-33　向后推拉

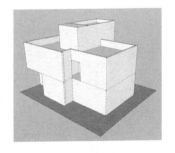

图 8-34　向左推拉

## 8.3.2　露台建模

一层平面有四个露台。这四个露台的绘制方法相同。这里我们着重讲一个露台的绘制方法,步骤如下。

(1) 使用推拉工具将底层的非露台部分向下推拉 450 mm,然后使用擦除工具对其进行外轮廓删减,最终效果如图 8-35 所示。

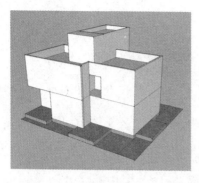

**图 8-35　底层露台平面**

（2）对于柱子的绘制要用到组件，以便于之后对其进行修改。使用矩形工具绘制一个边长为 400 mm 的正方形平面。全选平面，右键选择"创建组件"（快捷键 G），出来一个对话框，输入名称"柱子"，如图 8-36 所示。

（3）双击柱子组件对其进行编辑。使用推拉工具向上推拉 3200 mm，如图 8-37 所示。

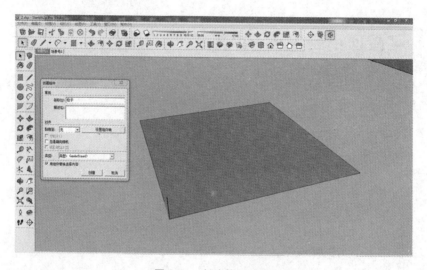

**图 8-36　创建柱子组件**

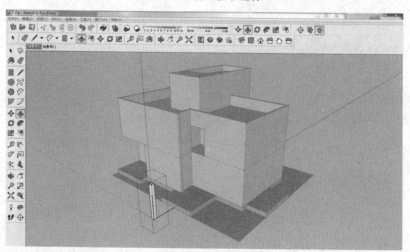

**图 8-37　推拉柱子**

（4）使用移动工具（快捷键 R）将柱子移动到西面露台上，注意柱子边角与露台边角对齐，如图 8-38 所示。再使用移动工具并按住 Ctrl 键将柱子移动到相对的露台边角，然后输入"/2"，露台被柱子均分。再使用移动工具并按住 Ctrl 键将柱子移动到露台另一边的中点，如图 8-39 所示。

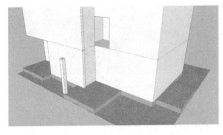
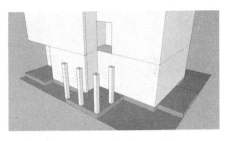

图 8-38　移动柱子　　　　　　　　　图 8-39　复制柱子

（5）使用移动工具并按住 Ctrl 键将柱子移动到南面的露台边角处，单击柱子组件，选择缩放工具（快捷键 S）将其横向缩放，输入数据"800 mm"，如图 8-40 所示。再使用移动工具并按住 Ctrl 键将其移动到露台的另一个边角，北面露台上的柱子同上，如图 8-41 所示。

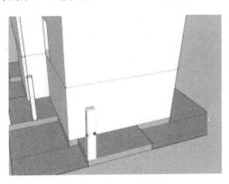
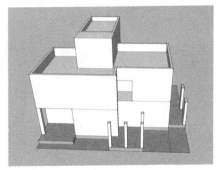

图 8-40　缩放柱子　　　　　　　　　图 8-41　创建北面露台柱子

（6）选择底面的露台，使用移动工具并按住 Ctrl 键将其移动到柱子的顶端，如图 8-42 所示。

（7）使用推拉工具，将其推拉到与二层平面平齐，如图 8-43 所示。

（8）使用移动工具并按住 Ctrl 键将柱子移动到二层露台边角处，并使用缩放工具将其竖向缩放，输入数据"1450 mm"，如图 8-44 所示。

（9）使用移动工具并按住 Ctrl 键，将其移动到二层露台另一个边角处。

（10）使用直线工具绘制平面，如图 8-45 所示。全选平面，右键选择"创建组件"，出来一个对话框，输入名称"构件 1"，双击该组件对其进行编辑。使用推拉工具推拉 400 mm。

（11）使用移动工具并按住 Ctrl 键将构件移动复制到二层露台，如图 8-46 所示。

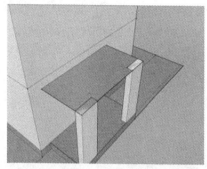

图 8-42　移动露台

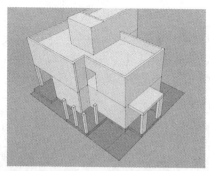

图 8-43　推拉雨篷

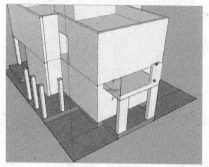

图 8-44　缩放柱子

图 8-45　绘制构件平面

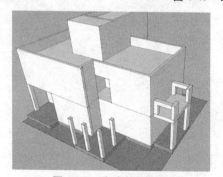

图 8-46　移动复制构件

### 8.3.3　栏杆建模

露台部分绘制完毕后,就要对其添加栏杆,这个平屋顶小别墅的栏杆有两种。

**1. 金属栏杆的绘制步骤**

(1) 使用圆工具(快捷键 C),输入半径"50 mm",全选平面,右键选择"创建组件",出来一个对话框,输入名称"栏杆",如图 8-47 所示。双击该组件对其进行编辑,使用推拉工具推拉 1100 mm,如图 8-48 所示。使用移动工具并按住 Ctrl 键将构件移动复制到柱子旁边。

(2) 使用直线工具连接两个栏杆组件的圆心,在直线的一端使用圆工具画一个半径 50 mm 的圆,如图 8-49 所示。

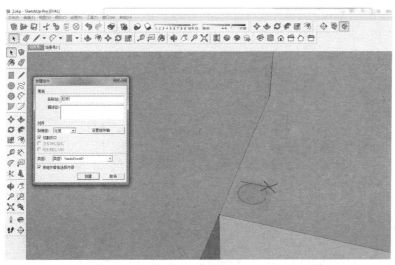

图 8-47　创建组件

图 8-48　拉伸组件

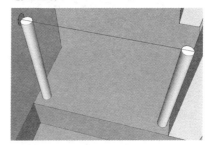

图 8-49　画圆

（3）使用路径跟随工具，点击圆按着直线路径跟随，选择该柱体，右键选择"创建组件"，出来一个对话框，输入名称"栏杆 2"，如图 8-50 所示。

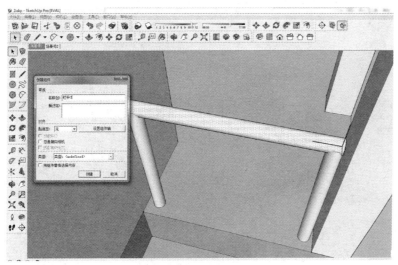

图 8-50　创建组件

（4）使用移动工具并按住 Ctrl 键将构件向下移动复制 1 个，双击该组件对其进行编辑，使用缩放工具将其直径缩小。使用移动工具并按住 Ctrl 键将构件向下移动复制 2 个。如图 8-51 所示，金属栏杆绘制完成。

图 8-51　金属栏杆绘制完成

**2. 玻璃栏板绘制步骤**

（1）玻璃栏板绘制步骤的前三步同金属栏杆绘制步骤的前三步，或者将 2 个"栏杆"构件和 1 个"栏杆 2"构件使用移动工具并按住 Ctrl 键复制移动到二层露台部分。

（2）使用直线工具绘制一个矩形平面，使用材质工具（快捷键 B）选择"半透明安全玻璃"材质对其进行填充，如图 8-52 所示。选择该平面，右键选择"创建组件"，出来一个对话框，输入名称"玻璃"，双击该组件对其进行编辑。使用推拉工具推拉 100 mm，使玻璃变得有厚度，玻璃栏板建模完毕。

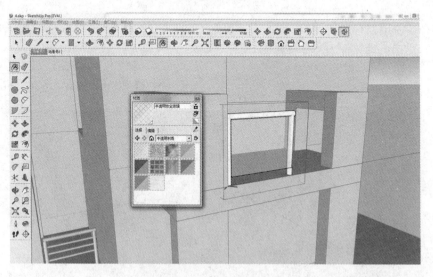

图 8-52　绘制玻璃栏板

（3）将金属栏杆和玻璃栏板中的所有构件全部分别成组，然后复制移动到相应位置，如图 8-53、图 8-54 所示。

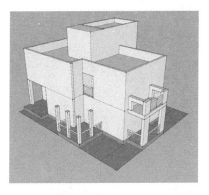

图 8-53　复制移动组件(1)

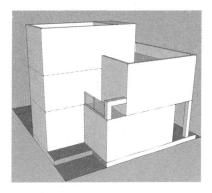

图 8-54　复制移动组件(2)

### 8.3.4　花架建模

栏杆制作完成后,要对二层的花架进行建模,建模步骤如下。

(1) 使用矩形工具绘制边长分别为 3600 mm、3800 mm 的矩形平面。选择平面,右键选择"创建组件",出来一个对话框,输入名称"花架"。

(2) 双击该组件对其进行编辑,使用矩形工具,在平面上绘制边长为 2950 mm、400 mm 的矩形平面,距平面两边 325 mm。选择该矩形平面,使用移动工具并按住 Ctrl 键复制移动 5 个,间距为 150 mm。使用移动工具将其移动到西面的露台上方,如图 8-55 所示。

(3) 选择这些矩形平面,单击 Del 键删除。使用推拉工具将平面向上推拉到与二层平面平齐,即 400 mm 高,如图 8-56 所示。

图 8-55　创建花架

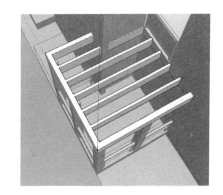

图 8-56　完成花架建模

花架制作完毕后,露台的柱子上还有一些装饰性构件没有进行绘制。

(4) 使用矩形工具绘制一个边长为 50 mm 的正方形。选择平面,右键选择"创建组件",出来一个对话框,输入名称"构件 2"。双击该组件对其进行编辑,使用推拉工具推拉 3000 mm,向下复制移动 3 个,如图 8-57 所示。

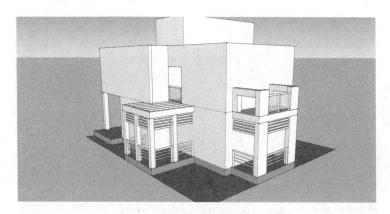

图 8-57　绘制装饰性构件

### 8.3.5　雨篷建模

花架绘制完毕，就要进行雨篷的建模。步骤如下。

（1）使用矩形工具绘制一个边长分别为 3360 mm、900 mm 的矩形平面。选择平面，右键选择"创建组件"，出来一个对话框，输入名称"雨篷"。

（2）双击该组件对其进行编辑，使用直线工具将平面四等分。使用偏移工具将 4 个矩形分别进行偏移 50 mm 的命令，如图 8-58 所示。

（3）使用材质工具选择"半透明安全玻璃"材质对其中 4 个矩形平面进行填充。

（4）使用推拉工具将平面都向上推拉 100 mm 厚，如图 8-59 所示。

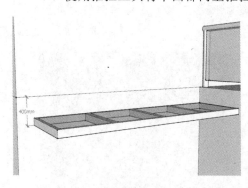

图 8-58　创建雨篷

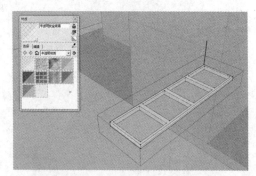

图 8-59　推拉平面

将雨篷移动到相应位置，如图 8-60、图 8-61 所示。将西北面露台上方平面向下推拉 400 mm，如图 8-62 所示。

二层平面的铝合金装饰罩的建模步骤如下。

（1）使用矩形工具绘制边长为 50 mm 的正方形，使用推拉工具向上推拉 1700 mm，如图 8-63 所示。

（2）使用移动工具并按住 Ctrl 键，将柱体复制平移到另一端，将 2 个柱体用 1 个柱体连接起来，将这 3 个柱体选择，右键选择"创建组件"，如图 8-64 所示。

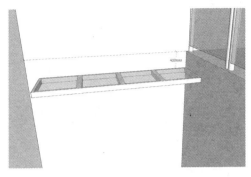

图 8-60　移动雨篷(1)

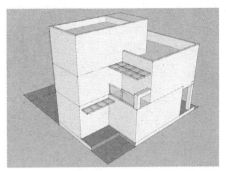

图 8-61　移动雨篷(2)

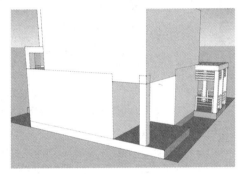

图 8-62　拉伸露台

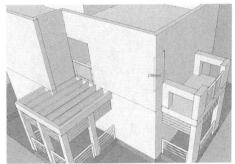

图 8-63　绘制柱体

（3）将该组件复制平移 9 个，如图 8-65 所示，铝合金装饰罩建模完毕。

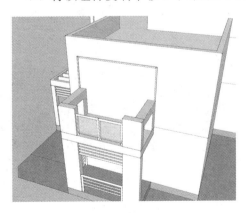

图 8-64　复制柱体(1)

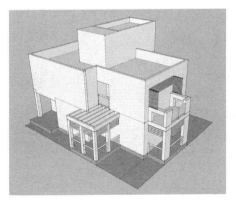

图 8-65　复制柱体(2)

## 8.3.6　室外台阶建模

　　雨篷绘制完毕后，就要对露台部分的室外台阶进行建模。图上台阶的踏面宽为 300 mm，且之前绘制的露台平面的标高均为"±0.000"，按照图纸所示，北面和东面露台高度为 0.250 mm,南面和西面露台高度为 — 0.050 mm,地面标高为 — 0.450 mm。所以也需对露台平面进行再处理。

**1. 南面露台台阶**

(1) 使用直线工具在底面上画出二层台阶的踏面,宽度为 300 mm,如图 8-66 所示。

(2) 使用推拉工具,将第一层台阶踏面向上推拉 100 mm,二层台阶踏面向上推拉 250 mm,如图 8-67 所示。

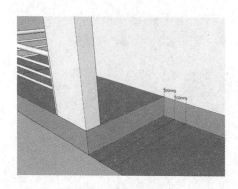

图 8-66  绘制踏面

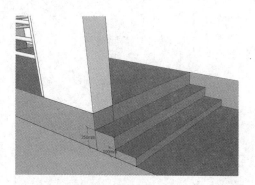

图 8-67  推拉踏面

(3) 按住 Ctrl 键用鼠标选择露台平面、栏杆和柱子,然后点击鼠标右键选择"模型交错",再选择"模型交错",如图 8-68 所示。使用推拉工具将露台平面向下推拉 50 mm,如图 8-69 所示。

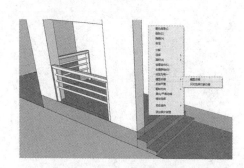

图 8-68  "模型交错"命令

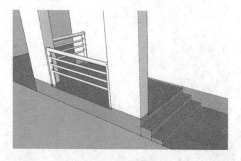

图 8-69  推拉露台平面

(4) 台阶画好之后,就要对台阶上的栏杆进行绘制。室外台阶的栏杆一般高度为 1100 mm。使用移动工具并按住 Ctrl 键将栏杆组件复制移动到一层台阶前端。

(5) 使用直线工具在柱子的中点处画一条长 1100 mm 的直线,再连接至栏杆顶面的一个端点,如图 8-70 所示。

(6) 删除竖直直线,使用圆工具,以另一端点为圆心画出半径为 30 mm 的圆,如图 8-71 所示。

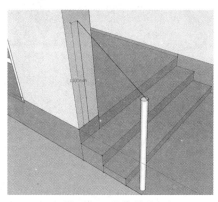

图 8-70　连接端点

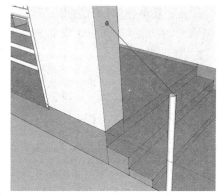

图 8-71　画圆

（7）使用路径跟随工具，点击圆，按着直线路径跟随，形成斜向的栏杆。全选斜向的栏杆，右键选择"创建组件"，出来一个对话框，输入名称"栏杆3"，如图8-72所示。

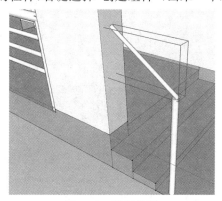

图 8-72　绘制栏杆

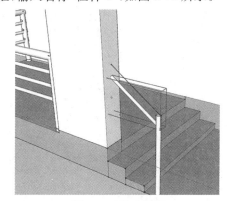

图 8-73　移动栏杆

（8）使用移动工具将"栏杆3"向下移动200 mm，如图8-73所示。使用移动工具并按住Ctrl键将"栏杆3"再向下复制移动150 mm。并输入"＊2"，即复制个数为2个，如图8-74所示。

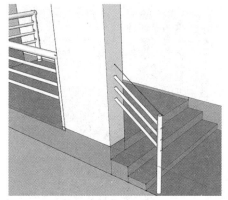

图 8-74　复制栏杆

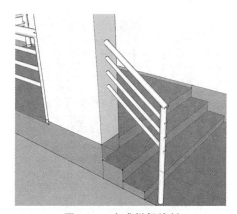

图 8-75　完成栏杆绘制

（9）重复步骤（6）的绘制方法，绘制一个半径为 50 mm 的圆，重复步骤（7），如图 8-75 所示，南面露台部分建模完成。

**2. 西面露台**

按住 Ctrl 键用鼠标选择露台平面、栏杆和柱子，然后点击鼠标右键选择"模型交错"，再选择"模型交错"，如图 8-76 所示。使用推拉工具将露台平面向下推拉 50 mm，西面露台部分建模完成。

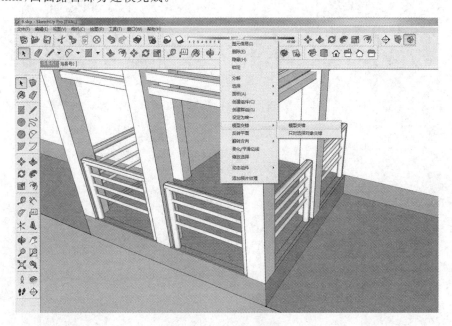

图 8-76　西面露台建模

**3. 北面露台**

（1）使用推拉工具将露台向北推拉 1320 mm，如图 8-77 所示。再使用推拉工具将露台平面向上推拉 250 mm，如图 8-78 所示。

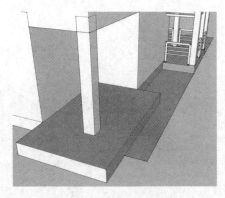

图 8-77　向北推拉露台

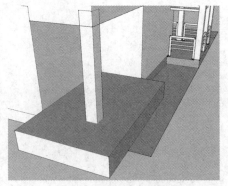

图 8-78　向上推拉露台

（2）北面露台为 4 阶，台阶踏面宽为 300 mm，梯段高为 140 mm，具体绘制方法参照南面露台画法（1）（2）步骤。最后效果如图 8-79 所示。

（3）北面露台台阶绘制完成，其栏杆画法与南面露台栏杆画法相同。使用移动工具并按住 Ctrl 键将"栏杆"组件复制移动到露台上，位置如图 8-80 所示。

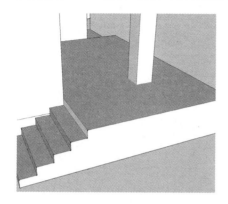

图 8-79　绘制台阶

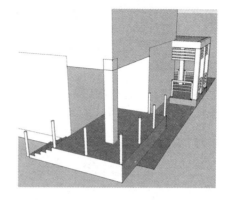

图 8-80　复制移动栏杆

（4）使用直线工具将端点处的栏杆的端点与各个栏杆的中点连接，如图 8-81 所示。并以线段的端点为圆心使用圆工具绘制半径为 50 mm 的圆，如图 8-82 所示。

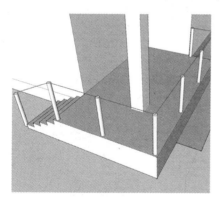

图 8-81　连接栏杆

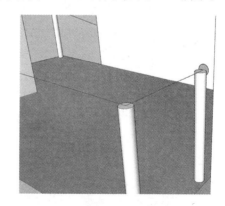

图 8-82　绘制圆

（5）使用路径跟随工具，点击圆，按着直线路径跟随，形成整体的栏杆。全选栏杆，右键选择"创建组件"，出来一个对话框，输入名称"栏杆 4"，如图 8-83 所示。下面的细栏杆的绘制方法与之相同，最后的效果如图 8-84 所示。

（6）先使用推拉工具将露台底面向上推拉至最高层台阶的踢脚线处，如图 8-85 所示。再使用推拉工具将台阶也向上推拉至每一层台阶的踢脚线处，如图 8-86 所示。最后使用推拉工具将每一层台阶推拉至上一层台阶的中点处，如图 8-87 所示。

北面露台建模完成，效果如图 8-88 所示。

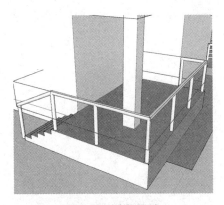

图 8-83　路径跟随

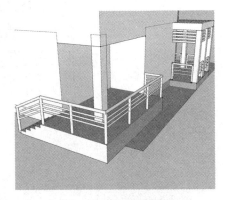

图 8-84　绘制细栏杆

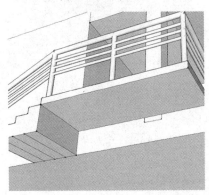

图 8-85　推拉露台底面

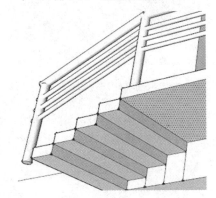

图 8-86　推拉台阶至踢脚线

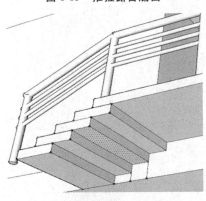

图 8-87　推拉台阶

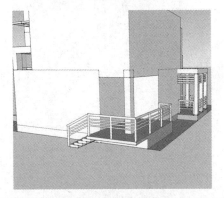

图 8-88　北面露台效果

**4. 东面露台**

（1）使用推拉工具将露台平面向上推拉 250 mm，如图 8-89 所示。

（2）东面露台台阶同北面露台台阶的绘制方法一样，台阶踏面宽为 300 mm，梯段高为 140 mm，如图 8-90 所示。

（3）东面露台台阶建模完成，其栏杆画法与南面露台栏杆画法相同。使用移动工具并按住 Ctrl 键将"栏杆"组件复制移动到露台上，位置如图 8-91 所示。

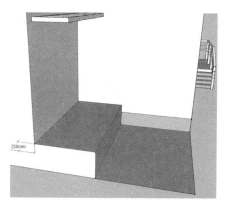

图 8-89　推拉露台平面

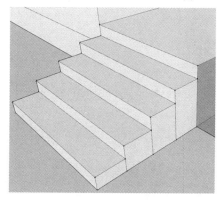

图 8-90　绘 制 台 阶

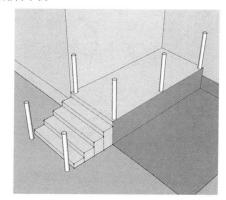

图 8-91　复制栏杆

（4）使用直线工具将端点处的栏杆的端点与各个栏杆的中点连接，并以线段的端点为圆心使用圆工具绘制半径为 50 mm 的圆，如图 8-92 所示。

（5）使用路径跟随工具，点击圆，按着直线路径跟随，形成整体的栏杆，如图 8-93 所示。全选栏杆，右键选择"创建组件"，下面的细栏杆的绘制方法与之相同，最后的效果如图 8-94 所示。

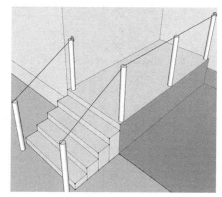

图 8-92　连接栏杆

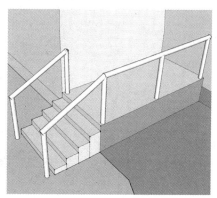

图 8-93　路径跟随

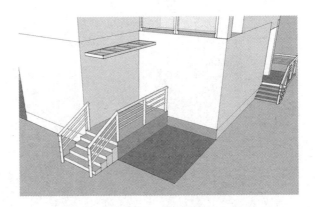

图 8-94 东面露台效果

## 8.4 平屋顶小别墅建筑门窗建模

露台建模完成，就要开始进行建筑门窗的建模。建筑门窗建模要熟练掌握组件和格栅等小构件的建模方法。

### 8.4.1 门的建模

门的建模方法与玻璃窗建模方法基本一致。此案例建筑中门的种类比较多，但建模方法一致，所以主要讲解其中两种方法，剩下的门只需举一反三就可以绘制完成。

**1. 单扇玻璃门的建模**

（1）在西面露台处，使用矩形工具绘制一个宽为 900 mm，高为 3200 mm 的矩形，如图8-95所示。注意该矩形的绘制不能紧贴在平面的边角处，以免之后在创建组件时不能切割开口。

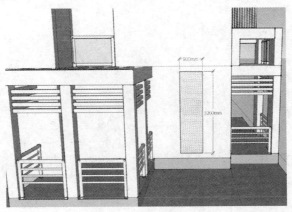

图 8-95 绘制矩形

（2）选择平面,右键选择"创建组件",出来一个对话框,输入名称"门1",如图
8-96所示。注意查看对话框中"切割开口"选项是否勾选。

**图 8-96　创建组件**

（3）双击该组件对其进行编辑,使用偏移工具将矩形向内偏移 50 mm,再使用推
拉工具将内部的矩形向墙内推拉 50 mm,如图 8-97 所示。

（4）继续对外部边框进行修饰。使用推拉工具将底部的边框向下推拉 50 mm,
如图 8-98 所示,再选择底面,单击 Del 键将底面删除。

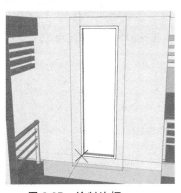
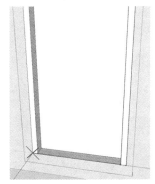

**图 8-97　绘制边框**　　　　　**图 8-98　修饰边框**

（5）使用偏移工具对内部的矩形继续向内偏移 50 mm,再使用推拉工具将内部
的矩形向墙内推拉 50 mm,如图 8-99 所示。

（6）选择矩形平面,使用材质工具(快捷键为 B),选择"半透明安全玻璃"材质,
对其进行填充,如图 8-100 所示。

（7）使用移动工具再将组件"门 1"移动到距露台边缘 280 mm 处,底边紧贴边
线,如图 8-101 所示。

西面露台的门建模完毕,如图 8-102 所示。这是比较简单的单扇玻璃门的建模,
主要需要注意的是门是有门框的,后期再对其进行上色处理。

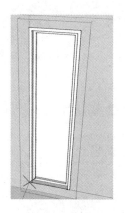

图 8-99 绘制边框

图 8-100 填充材质

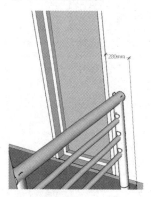

图 8-101 移动门

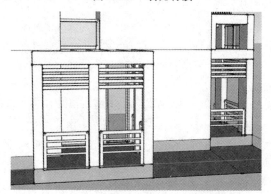

图 8-102 西面露台的门建模完成

### 2. 带有格栅的门的建模

（1）使用矩形工具绘制一个宽为 3200 mm，高为 3000 mm 的矩形，如图 8-103 所示。

（2）选择平面，右键选择"创建组件"，出来一个对话框，输入名称"门 2"。

（3）按照西面露台的门的建模步骤（3）、（4）建模，如图 8-104 所示。

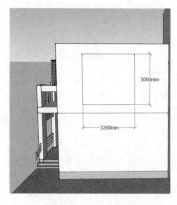

图 8-103 绘制矩形

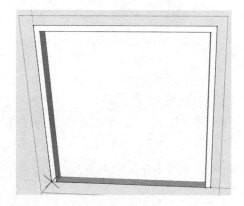

图 8-104 创建边框

（4）使用矩形工具绘制边长为 30 mm 的正方形，注意不要紧贴边缘绘制。全选平面，右键选择"创建组件"，出来一个对话框，输入名称"格栅"。双击该组件对其进行编辑，使用推拉工具推拉 3000 mm，如图 8-105 所示。

（5）使用移动工具将组件移动到内部边缘处，单击 K 键打开后边线模式，使用移动工具并按住 Ctrl 键将其复制平移到另一端点处，输入"/4"，再单击 Enter 键，显示出门被四等分，如图 8-106 所示。

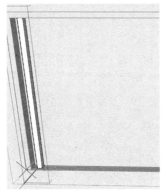
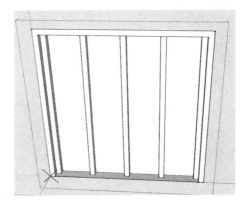

图 8-105　编辑格栅　　　　　　　　　　图 8-106　等分门

（6）使用旋转工具（快捷键 Q）并按住 Ctrl 键将中间的格栅进行复制旋转 90°。使用移动工具将其移动到顶端，双击该组件对其进行编辑，使用推拉工具推拉至另一端端点，如图 8-107 所示。

（7）使用移动工具并按住 Ctrl 键将组件向下复制移动，输入距离为"500 mm"，再输入"＊2"，即复制 2 个，如图 8-108 所示。

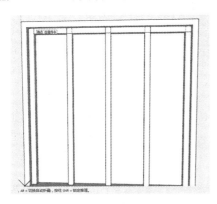
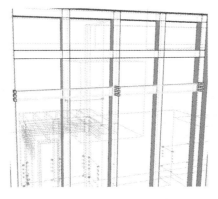

图 8-107　复制旋转格栅　　　　　　　图 8-108　复制移动组件

（8）双击最下面的横格栅进行编辑，使用推拉工具将组件的长度规定在两个竖格栅之间，如图 8-109 所示。

（9）使用移动工具并按住 Ctrl 键将组件向下复制移动，输入距离为"500 mm"，再输入"＊3"，复制 3 个。按住 Ctrl 键将 3 个短的横格栅选，使用移动工具并按住

Ctrl 键进行复制,平移至右边 2 个竖格栅之间,如图 8-110 所示。

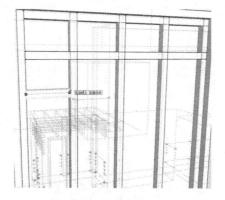

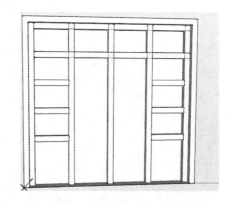

图 8-109　编辑组件　　　　　　　　图 8-110　复制平移横格栅

(10) 选择矩形底面,使用材质工具(快捷键 B),选择"半透明安全玻璃"材质,对其进行填充,模型效果如图 8-111 所示。

(11) 使用移动工具将组件移动到二层南面露台位置,使用移动工具并按住 Ctrl 键再向下复制平移到一层边线处,模型效果如图 8-112 所示。

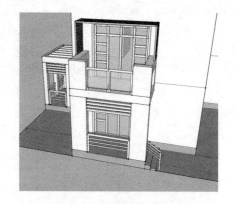

图 8-111　填充材质　　　　　　　　图 8-112　移动复制组件

建筑南面部分的门建模完成。这种样式的门只需在之前单扇玻璃门的基础上掌握横竖格栅的建模方法,举一反三便能很好地进行各种带有格栅的门的建模。

**3. 东面门**

东面一层露台处的门宽为 2100 mm,高为 2950 mm,如图 8-113 所示。东面二层露台的门宽为 900 mm,高为 2400 mm,如图 8-114 所示,建筑东面门的模型效果如图 8-115 所示。

北面露台的门如图 8-116、图 8-117 所示,整体效果如图 8-118 所示。

西面二层阳台的门的模型效果如图 8-119 所示。

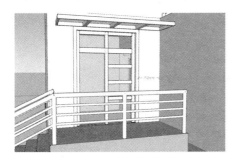

图 8-113　东面一层露台门

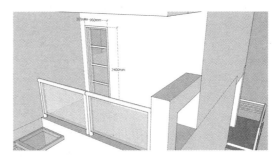

图 8-114　东面二层露台门

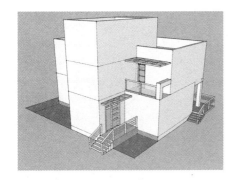

图 8-115　东面门效果图

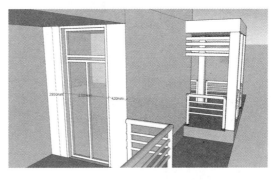

图 8-116　北面露台门(1)

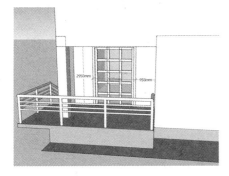

图 8-117　北面露台门(2)

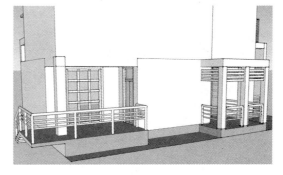

图 8-118　北面门效果图

### 8.4.2　窗的建模

玻璃窗的建模很简单。此案例中窗户只有 3 种,分别是单扇玻璃窗、分隔玻璃窗和带有木格栅的长条玻璃窗。玻璃幕墙的建模方法也按照分隔玻璃窗的方法进行。

**1. 单扇玻璃窗**

(1) 在建筑物北面,使用矩形工具绘制一个宽为 900 mm,高为 900 mm 的正方形,距±0.000 有 1500 mm 高,如图 8-120 所示。

(2) 选择平面,右键选择"创建组件",出来一个对话框,输入名称"窗 1",如图 8-121所示。注意查看对话框中"切割开口"选项是否勾选。

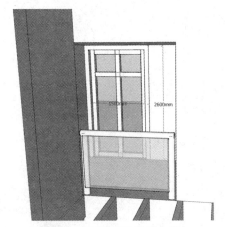

**图 8-119  西面二层阳台门**

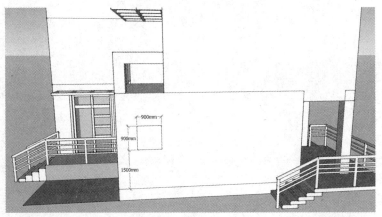

**图 8-120  绘制正方形**

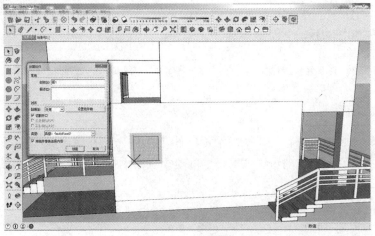

**图 8-121  创建组件**

（3）双击该组件对其进行编辑，使用偏移工具将正方形向内偏移 50 mm，再使用推拉工具将内部的正方形向墙内推拉 50 mm,如图 8-122 所示。

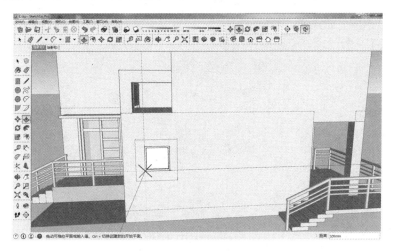

**图 8-122 编辑组件**

(4)选择正方形平面,使用材质工具(快捷键 B),选择"半透明安全玻璃"材质,对其进行填充,如图 8-123 所示。

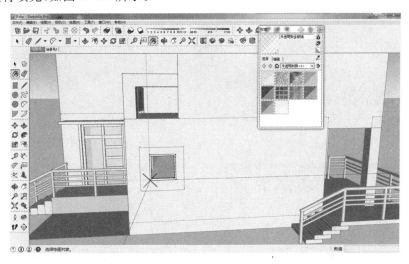

**图 8-123 填充材质**

(5)再对"窗 1"组件使用移动工具,并按住 Ctrl 键复制平移 3 个,如图 8-124 所示。

同样在北面使用矩形工具,绘制如图 8-125 所示的两个矩形平面,使用推拉工具将这两个平面向外推拉 600 mm,如图 8-126 所示。

对"窗 1"组件使用移动工具,并按住 Ctrl 键向上复制平移,如图 8-127 所示。

右击二层最右边的单扇玻璃窗,选择"设定为唯一"选项,再使用材质工具(快捷键 B),选择"白色网格状百叶窗"材质代替之前的"半透明安全玻璃"材质,如图 8-128 所示。

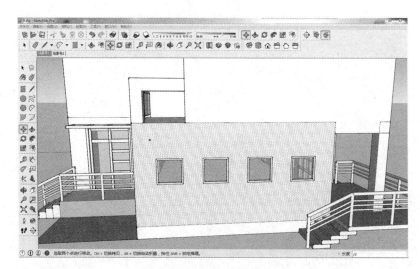

**图 8-124　移动复制组件**

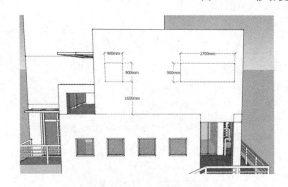

**图 8-125　绘制矩形**

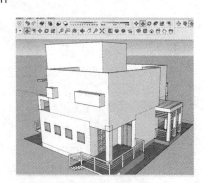

**图 8-126　推拉矩形**

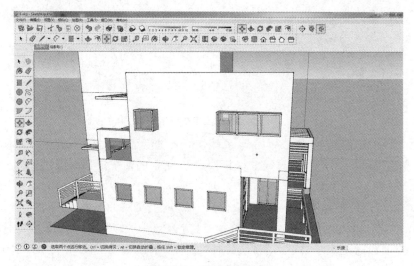

**图 8-127　移动复制组件**

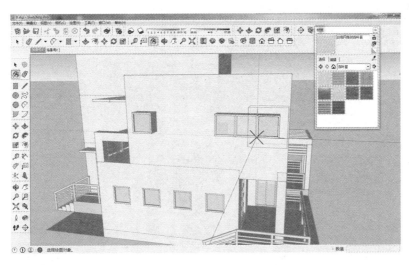

**图 8-128　填充材质**

### 2. 分隔玻璃窗

分隔玻璃窗与之前的带有格栅的玻璃门的绘制方法几乎一致。

（1）在北面使用矩形工具绘制一个宽为 900 mm，高为 2600 mm 的矩形，如图 8-129所示，注意该矩形的绘制不能紧贴在平面的边角处，以免在之后创建组件时不能切割开口。

**图 8-129　绘制矩形**

（2）重复单扇玻璃窗的绘制步骤（2）、（3），如图 8-130 所示。

（3）使用矩形工具绘制边长为 30 mm 的正方形，注意不要紧贴边缘绘制。全选平面，右键选择"创建组件"，出来一个对话框，输入名称"格栅 2"，双击该组件对其进行编辑。使用推拉工具推拉 900 mm，使用移动工具将组件移动到内部边缘处，如图

8-131 所示。单击 K 键打开后边线模式,使用移动工具并按住 Ctrl 键将其复制平移
到另一端点处,再输入"/5",再单击 Enter 键,显示出窗户被五等分,如图 8-132 所
示。

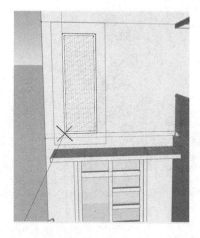

图 8-130　编辑矩形

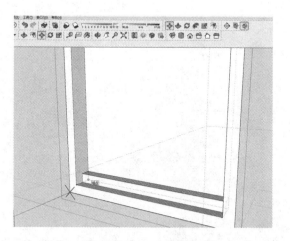

图 8-131　编辑组件

(4)使用旋转工具(快捷键 Q)并按住 Ctrl 键将最下边的格栅复制旋转 90°,再使
用推拉工具推拉至另一端端点,最后使用移动工具并按住 Ctrl 键将该组件复制偏移
到另一端,如图 8-133 所示。

图 8-132　等分窗户

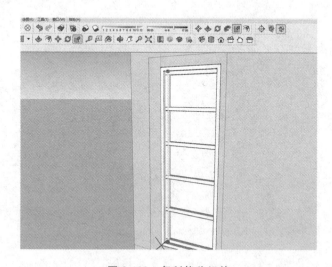

图 8-133　复制偏移组件

(5)选择矩形底面,使用材质工具(快捷键 B),选择"半透明安全玻璃"材质,对
其进行填充,模型效果如图 8-134 所示。

北面其他窗户尺寸及位置如图 8-135 所示。

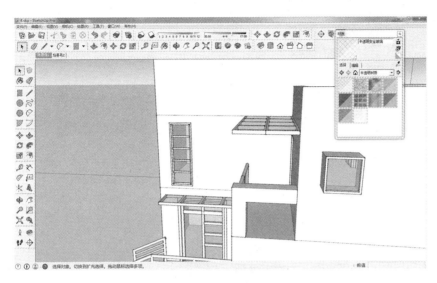

图 8-134　填充材质

东面窗户尺寸及位置如图 8-136 至图 8-140 所示。

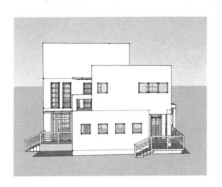

图 8-135　北面窗户效果

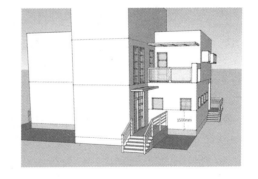

图 8-136　东面窗户尺寸及位置(1)

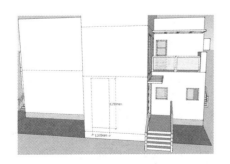

图 8-137　东面窗户尺寸及位置(2)

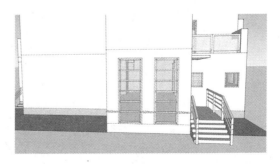

图 8-138　东面窗户尺寸及位置(3)

**图 8-139 东面窗户尺寸及位置(4)**　　　　**图 8-140 东面窗户尺寸及位置(5)**

南面窗户尺寸宽为 900 mm,高为 3200 mm,位置如图 8-141 所示。

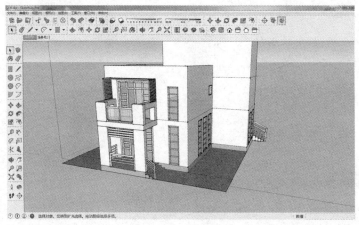

**图 8-141 南面窗户**

### 3. 带格栅的玻璃窗

带格栅的玻璃窗同分隔玻璃窗的建模方法几乎相同。

(1) 在东面使用矩形工具绘制宽为 1980 mm,高为 6650 mm 的矩形,如图 8-142 所示。

(2) 使用推拉工具将其向外推拉 600 mm,再使用擦除工具删除中间的横线,使

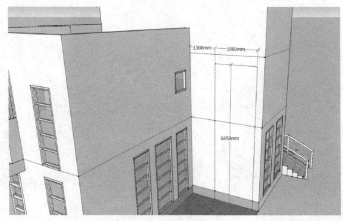

**图 8-142 绘制矩形**

其成为一个矩形平面。使用偏移工具将矩形平面向内部偏移 200 mm,如图 8-143 所示。

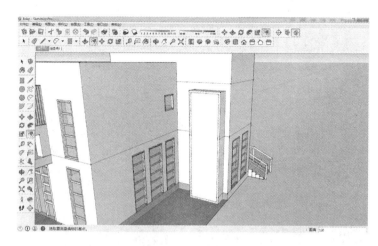

**图 8-143　编辑矩形**

(3) 重复分隔玻璃窗建模方法的(2)、(3)、(4)、(5)步骤,将其中第(3)步中的"/5"改为"/11",将组件 11 等分。在第(4)步中将竖向格栅复制平移到中间和两端,如图 8-144 所示。

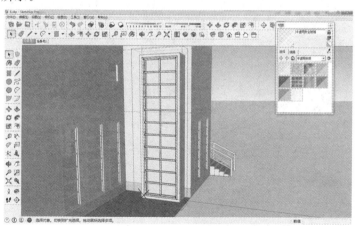

**图 8-144　分隔窗户**

(4) 将倒数第二根格栅按 Del 键删除,再将倒数第三根格栅使用移动工具并按住 Ctrl 键向下复制偏移,输入距离"100",再输入"＊10",如图 8-145 所示。

(5) 将正数第五根格栅按 Del 键删除,重复步骤(4),如图 8-146 所示。

(6) 将组件选中,右键选择"隐藏",将组件隐藏。再将底面按 Del 键删除。再单击"编辑"选项栏,选择"取消隐藏"→"全部",如图 8-147 所示。

带格栅的玻璃窗建模完毕。选择组件,使用移动工具并按住 Ctrl 键复制平移,如图 8-148 所示。

图 8-145　复制偏移格栅

图 8-146　删除格栅

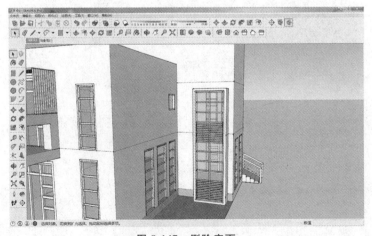

图 8-147　删除底面

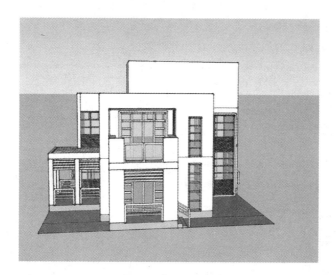

图 8-148　复制平移组件

西面玻璃窗尺寸及位置如图 8-149、图 8-150 所示。

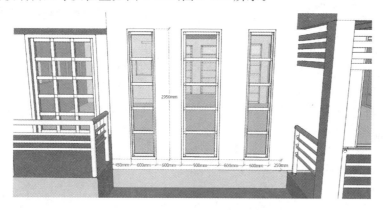

图 8-149　西面玻璃窗尺寸及位置(1)

图 8-150　西面玻璃窗尺寸及位置(2)

#### 4. 玻璃幕墙的建模

玻璃幕墙的建模方法同分隔玻璃窗的建模方法一样。

（1）对西面的玻璃幕墙使用偏移工具向内偏移 100 mm，再选择平面，重复分隔玻璃窗绘制方法步骤（2），偏移距离为 100 mm，如图 8-151 所示。

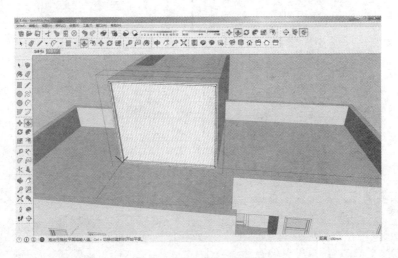

图 8-151　复制偏移幕墙

（2）重复分隔玻璃窗绘制方法步骤（3）、（4）、（5），将其中第（3）步中的"/5"改为"/8"，将组件 8 等分，在第（4）步中移动组件到另一端后输入"/4"，将其四等分，如图 8-152 所示。

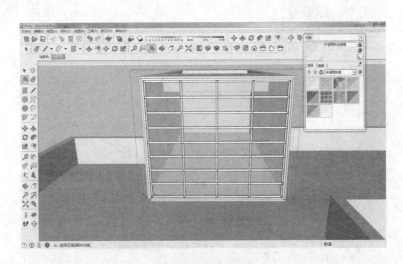

图 8-152　分隔幕墙

（3）其他方向的玻璃幕墙如图 8-153 至图 8-155 所示。

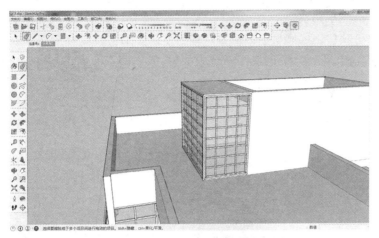

图 8-153 其他方向的玻璃幕墙(1)

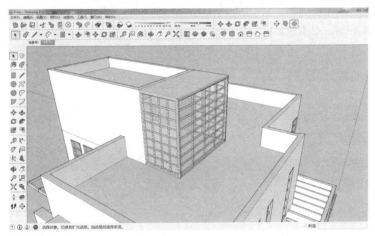

图 8-154 其他方向的玻璃幕墙(2)

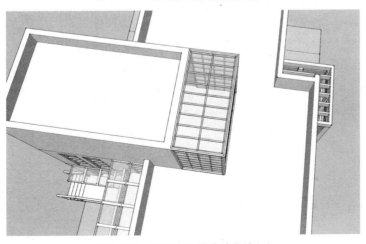

图 8-155 其他方向的玻璃幕墙(3)

玻璃幕墙建模完成。

接下来是顶层楼梯墙壁上的洞口建模。使用矩形工具绘制如图 8-156、图 8-157 所示的矩形，使用推拉工具向墙内推拉出墙厚，使用 Del 键删除底面，最后的建模效果如图 8-158、图 8-159 所示。

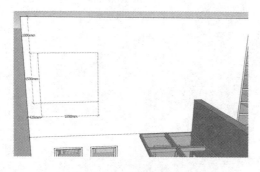

图 8-156　绘制矩形(1)

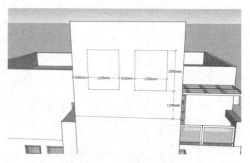

图 8-157　绘制矩形(2)

图 8-158　顶层洞口建模完成(1)

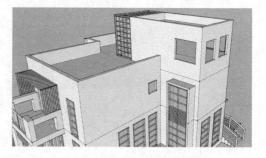

图 8-159　顶层洞口建模完成(2)

### 8.4.3　赋予模型材质

在之前的步骤中提到过如何使用材质工具对建筑的平面进行上色填充。建筑的上色不要太过复杂，要注意和谐统一，尽量使用单一配色进行对比，来突出建筑的体块关系。此建模案例中，使用的配色如下。

如图 8-160 所示，窗框与门框配色为"金属阳极化处理过效果"；如图 8-161 所示，建筑立面配色为"砖石建筑"，建筑的花架配色为"深色地板木质纹"，建筑的室外地坪配色为"灰色石板铺路石"。

当然读者也可以自己尝试其他配色，得到另一种不同的效果。

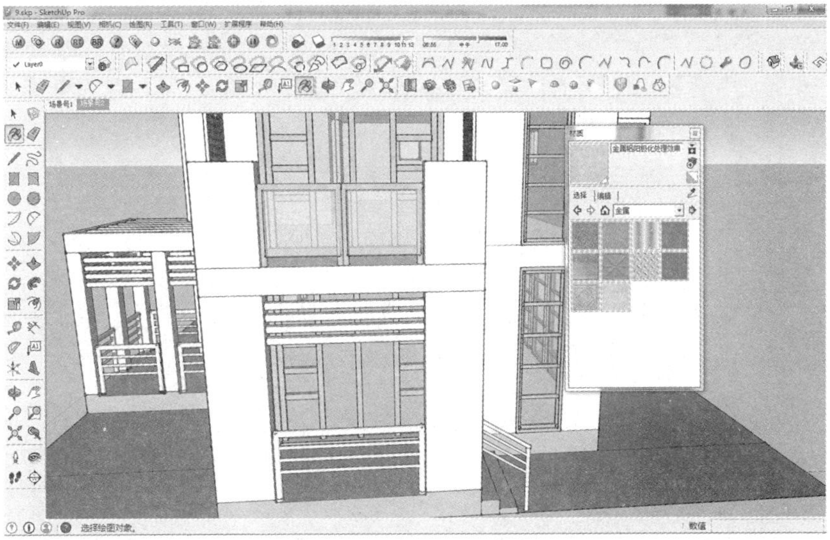

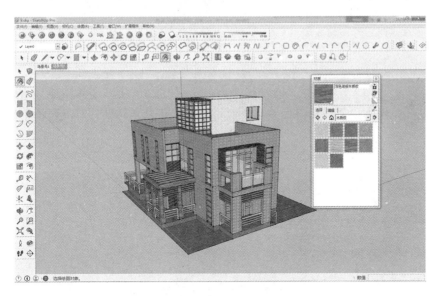

图 8-160　窗框与门框配色

图 8-161　建筑整体配色

## 8.5　场地与建筑场景配置建模

　　调整好建筑的材质后就要开始创建场地模型了,场地是建筑建模中必不可少的部分,它能很好地衬托建筑,给建筑模型一种空间完整性和整体美感。

### 8.5.1 创建场地

以建筑为中心使用矩形工具绘制一个长宽大概是建筑单体长宽三四倍的矩形，如图 8-162 所示。

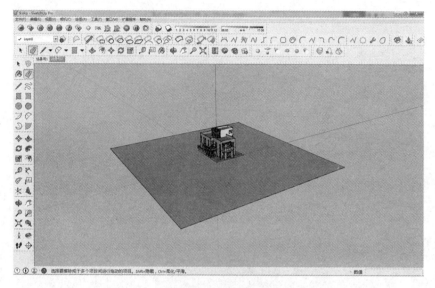

**图 8-162 绘制矩形**

在场地平面上使用矩形工具绘制两条道路，并使用材质工具，选择"新沥青"材质，对其进行填充，同时，使用材质工具，选择"草皮植被 1"材质，对道路以外的场地进行填充，如图 8-163 所示。

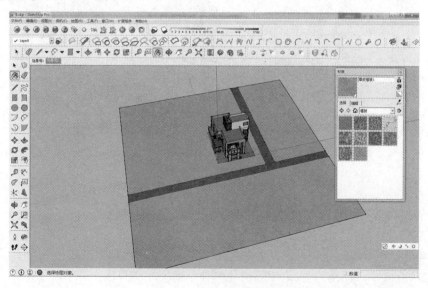

**图 8-163 填充材质**

点击鼠标右键选择"窗口",再选择"组件",如图 8-164 所示。

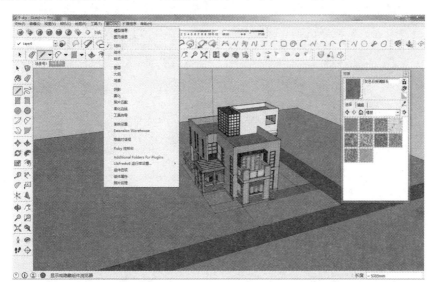

**图 8-164　创建组件**

## 8.5.2　建筑场景配置

(1)点击鼠标右键选择"3D 常青树",再在草地上点击鼠标右键,可放置多棵树木,同时可以使用缩放工具改变组件的大小,如图 8-165 所示。

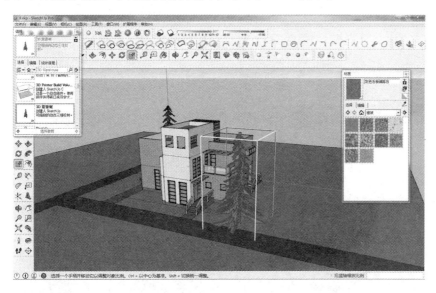

**图 8-165　放置 3D 常青树**

(2)操作同上一步,分别将汽车、行人、路灯、邮箱等组件放入场地模型里,如图 8-166所示。

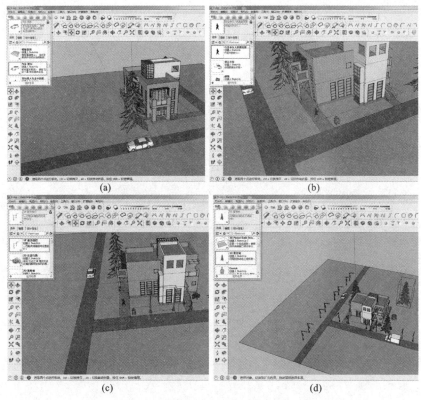

**图 8-166　放置组件**

（a）放置汽车；（b）放置行人；（c）放置路灯；（d）放置树木

（3）点击鼠标右键选择"窗口"，再选择"组件"，模型效果如图 8-167 所示。

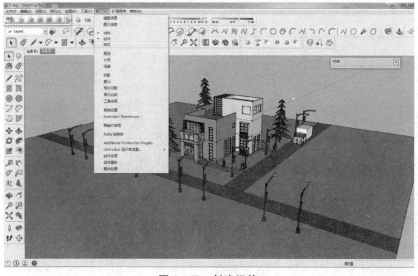

**图 8-167　创建组件**

## 8.6　渲染及导图

建筑模型、场地模型和配景模型制作好以后，就要进一步对模型进行渲染美化，为导出各角度模型效果图做准备。

### 8.6.1　渲染

渲染工具的具体操作方法在前面的章节里已经有详细的说明，故在这里就结合具体模型对象的渲染流程简单地介绍一下。

（1）点击鼠标右键选择"窗口"，再选择"样式"，如图 8-168 所示。

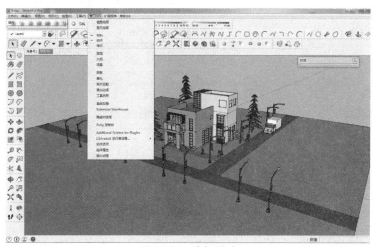

**图 8-168　选择样式**

（2）用鼠标右键点击下拉符号，选择"预设样式"，再选择"建筑景观样式"，如图 8-169 所示。

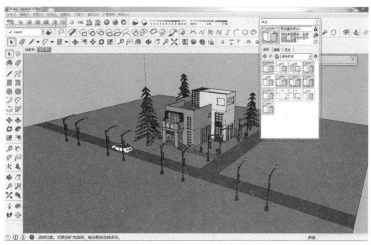

**图 8-169　预设样式**

（3）用鼠标右键点击"编辑"，取消勾选"边线"和"轮廓线"，如图 8-170 所示。

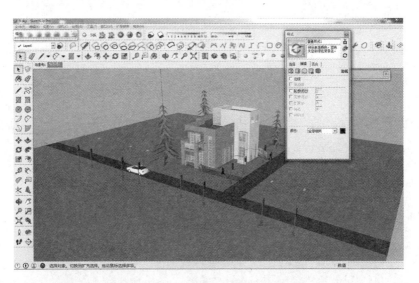

**图 8-170　取消勾选"边线"和"轮廓线"**

（4）点击鼠标右键选择"窗口"，再选择"阴影"，如图 8-171 所示。

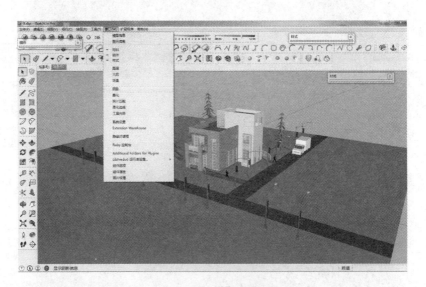

**图 8-171　选择阴影**

（5）用鼠标右键点击显示/隐藏阴影按钮 ，调整时间和日期，显示模型的渲染效果，如图 8-172 所示。

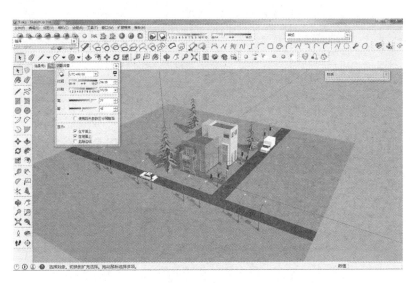

图 8-172　阴影设置

## 8.6.2　导图

（1）调整好窗口视角，点击鼠标右键选择"文件"，再选择"导出"，用右键单击"二维图形"，如图 8-173 所示。

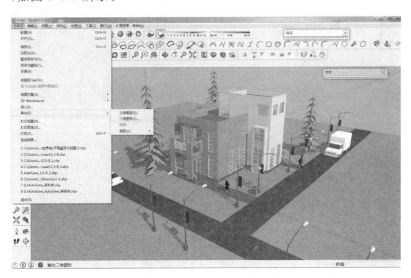

图 8-173　导出图形

（2）在弹出的窗口里用鼠标右键单击"选项"，更改"图像大小"，勾选"消除锯齿"，将拉条调到最好，最后用右键单击"确定"，如图 8-174 所示，即可导出建筑案例模型的 jpg 格式的各角度效果图像，如图 8-175 所示。

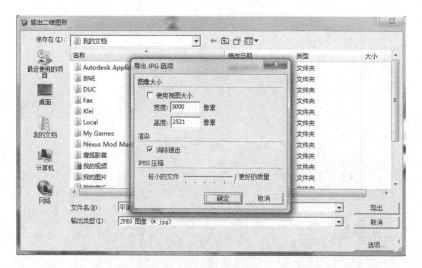

图 8-174　选项设置

图 8-175　导出效果图

## 【本章小结】

| 平屋顶小别墅<br>建筑识图案例分析 | 1. 建筑平面图、立面图、剖面图的识图和读图训练。<br>2. 根据建筑平面图、立面图、剖面图进行三维建模需要重点注意的内容。 |
| --- | --- |
| 平屋顶小别墅<br>基础体块建模 | 通过使用 SketchUp 建模直线和推拉工具,实现对建筑基本空间体块的建模。 |
| 平屋顶小别墅<br>附属构件建模 | 1. 阳台和露台建模。<br>2. 栏杆和花架建模。<br>3. 雨篷和室外台阶建模。 |

续表

| | |
|---|---|
| 平屋顶小别墅<br>建筑门窗建模 | 1. 单扇玻璃门的建模。<br>2. 带格栅的门的建模。<br>3. 窗的建模与分格。<br>4. 带格栅的窗的建模。<br>5. 玻璃幕墙的建模。<br>6. 赋予模型材质和色彩。 |
| 场地与建筑<br>场景配置建模 | 1. 创建场地模型。<br>2. 创建建筑配景模型,给建筑模型一种空间完整性和整体美感。 |
| 渲染及导图 | 1. 针对具体模型对象的渲染工具的操作流程。<br>2. 调整好窗口视角,导出建筑模型的 jpg 格式的各角度效果图像。 |

【思考题】

1. 进行三维建模前,对建筑平面图、立面图、剖面图的识图和读图需要重点注意哪些内容?

2. 使用 SketchUp 工具快速进行阳台和露台建模需要考虑哪些内容?

3. 栏杆和花架建模有哪些方法是相同的?

4. 使用 SketchUp 工具快速进行带格栅的门的建模和带格栅的窗的建模方法有哪些区别?

5. 玻璃幕墙的建模有哪些主要操作步骤? 如何设定玻璃的材质和色彩?

6. 场地与建筑场景配置建模需要考虑哪些因素? 如何实现建筑模型空间完整性和整体美感?

7. 针对具体模型对象的渲染工具的操作流程可以总结为哪几步?

8. 如何导出建筑模型的 jpg 格式的各立面效果图、鸟瞰图及人视效果图?

【练习题】

1. 使用 SketchUp 建模工具对本章小别墅建筑案例进行三维建模。

2. 赋予建筑模型合适的材质和色彩,并配设场地和场景效果。

3. 导出 jpg 格式的本章建筑模型案例的 4 张以上立面图,2 张以上鸟瞰图和人视图。

# 第九章  坡屋顶小别墅建模

**【知识目标】**

■ 掌握小型坡屋顶居住建筑三维识图和建模的基本操作流程。

■ 熟悉小型坡屋顶居住建筑主要构件的三维建模方法。

■ 掌握坡屋顶的快速建模方法。

■ 掌握小型坡屋顶居住建筑的檐沟等屋顶构件的三维建模方法。

## 9.1  坡屋顶小别墅建筑识图案例分析

坡屋顶小别墅建筑案例的平面图、立面图、剖面图如图 9-1 至图 9-8 所示。

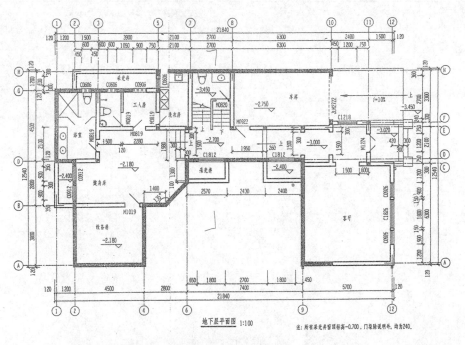

**图 9-1  地下层平面图**

拿到一套图纸,我们要分析建筑平面、立面、剖面对应的空间构成关系,琢磨建筑的体块与空间特征,对整套图纸进行一个系统的分析,这样才能更加精准地建立整体三维模型。从图 9-1 至图 9-8 中我们可以看到,图纸包含地下层、一层、二层共三层平面图,以及屋顶平面图和四个立面图。建立三维模型的时候,要事先对案例建筑图进行读图和识图,脑海里有初步的三维模型空间意象,再规划建模,基本步骤如下。

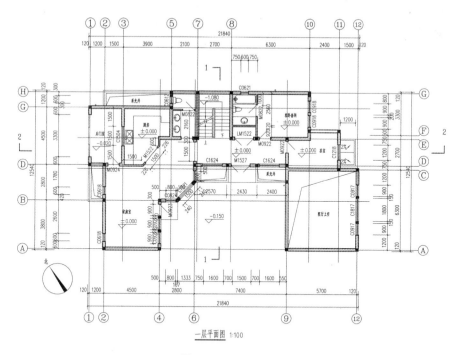

**图 9-2 一层平面图**

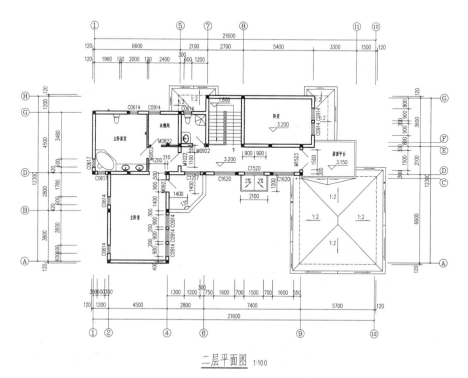

**图 9-3 二层平面图**

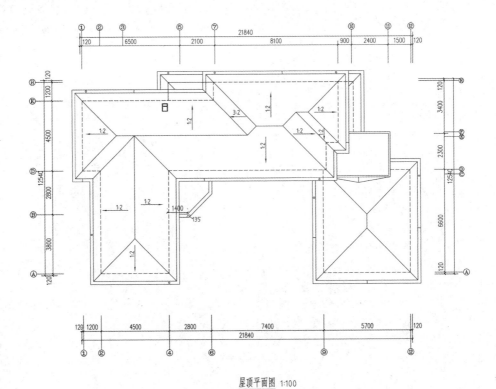

屋顶平面图 1:100

**图 9-4 屋顶平面图**

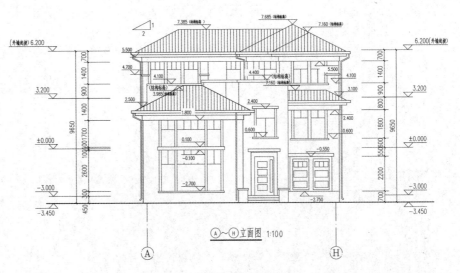

Ⓐ～Ⓗ立面图 1:100

**图 9-5 Ⓐ～Ⓗ立面图**

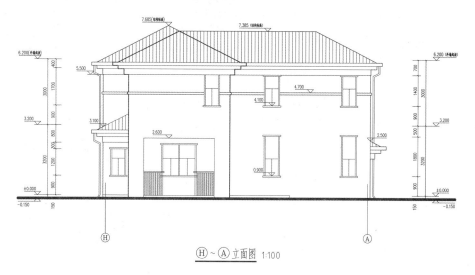

$\underline{\text{(H)} \sim \text{(A)} 立面图}$ 1:100

图 9-6　(H)~(A)立面图

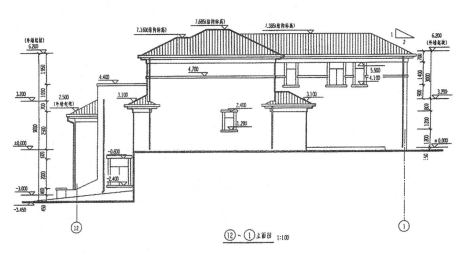

$\underline{\text{(12)} \sim \text{(1)} 立面图}$ 1:100

图 9-7　(12)~(1)立面图

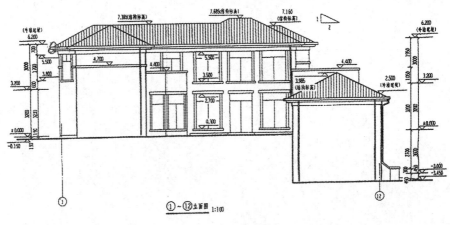

图 9-8　①～⑫立面图

（1）比较各层平面图，忽略每层平面图上的采光井、坡道、台阶等附属构件，根据平面轮廓，从而将建筑主体创建出来。

（2）分析屋顶平面图，将复杂的坡屋顶划分成几个部分，建出各个部分的坡屋顶，然后进行拼接，组合成整体，最后再添加上坡屋顶的檐沟等细部构件即可。

（3）根据平面图，画出每层平面上的采光井、阳台、台阶等附属构件。

（4）根据各层平面图和各个立面图，画出每个立面上的门窗。观察各个立面图的窗户，一般建筑的窗户形式不会太多，画出几个基本的窗户形式，将其创建成组件，其他的窗户则由组件进行伸缩变化即可。四个立面的建模按照从简单到复杂的顺序一个一个来，做到面面俱到，以免漏掉某个构件。

（5）为模型添加材质和色彩，注意添加的材质颜色不要太过繁杂，一般整个建筑有 3 种或 4 种配色就足够了。

（6）建筑场景配置时，可以布置出道路、草坪、地形，再添加些人物、树木等建筑配景即可。

（7）对模型各个参数进行调整，最后进行渲染就可以导出效果图。

## 9.2　坡屋顶小别墅基础体块建模

本案例是三层坡屋顶小别墅建筑，从图纸中可以看出，各层平面构造相差不大。别墅的基础体块建模，首先从别墅一层平面的绘制入手，基本体块建模步骤如下。

首先，创建墙体，在模型中墙体是基础部分，因为门窗都是附着在墙体上面的，所以墙体是首先要创建的模型部分，只需要根据墙体的尺寸画出四周的基本轮廓，后期再到墙体上进行门窗的绘制即可。在此过程中可以先忽略采光井、坡道、台阶等附属构件。

### 9.2.1　绘制地下层平面

（1）调整视图。单击视图工具栏上的俯视图按钮，将视图调整为顶视图状态，便于绘图。

（2）在工具栏上单击直线工具，在鼠标的光标变成 ✐ 后，就按照图纸上的地下层平面图的外墙轮廓线的尺寸绘制线段，最后封闭成面。如图9-9所示。

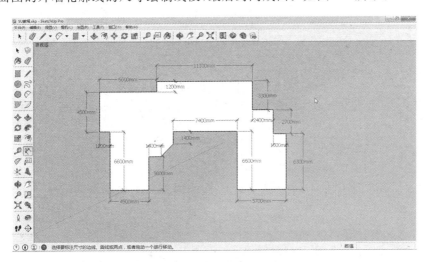

**图9-9　绘制地下层外墙轮廓线**

图中有一条不是正交状态的斜线，在不知道角度和长度的情况下，先将其他的线按照图纸的尺寸画下后，最后将两端线段画斜线连接，完成封闭的平面。

### 9.2.2　生成地下层体块模型

（1）由立面图可知地下层的高度为3450 mm，使用推拉工具，接着单击Ctrl键，在鼠标的光标变成 ⬖ 后，将鼠标移至需要拉伸的面上，输入"3450 mm"，然后按Enter键，这里的墙厚部分可以忽略不计，如图9-10所示。

（2）由南立面图、北立面图可知，图中东西两边是有3300 mm的地形高差的，然而只有轴号⑨～⑫的客厅部分可以在立面上看见，其他的地下层全部藏在地下。在这里可以先整体把地下层平面推拉出来，画完以后再把地形高差表现出来，这样其他部分就被隐藏在地面下部了。

### 9.2.3　生成一层体块模型

对比一层平面图和地下层平面图，发现外墙轮廓相同，但是这两层的层高不完全相同，这时需要根据层高的异同将一层平面进行划分，再分别拉伸体块高度生成一层体块即可。

（1）调整视图。单击视图工具栏上的俯视图按钮，将视图调整为顶视图状态，便

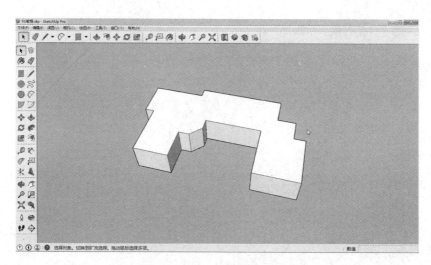

图 9-10  生成体块模型

于在地下层平面图的基础上绘制一层平面。

　　（2）单击直线工具，对比一层平面图，根据高差空间分隔绘制一层平面的轮廓，如图 9-11 所示。

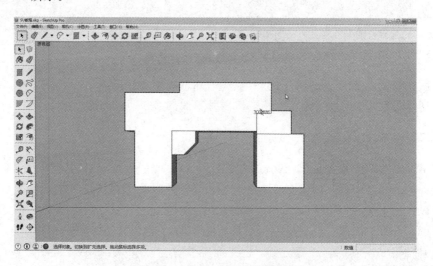

图 9-11  绘制一层外墙轮廓线

　　（3）由立面图和二层平面图可知，一层大部分的层高为 3000 mm，单击推拉工具，接着单击 Ctrl 键，在鼠标变成 后，将鼠标移至需要拉伸的面上，输入"3000 mm"，然后按 Enter 键，完成体块的拉伸，如图 9-12 所示。

　　（4）由二层平面图可知一层平面其他的部分的层高是 2950 mm，同样单击推拉工具，接着单击 Ctrl 键，在鼠标的光标变成 后，将鼠标移至需要拉伸的面上，输入"2950 mm"，然后按 Enter 键，一层的体块绘制完成，如图 9-13 所示。

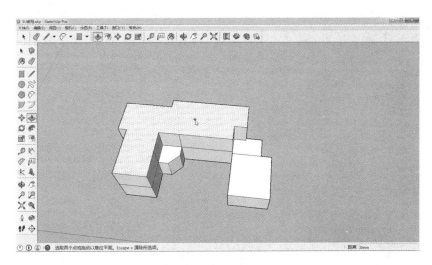

**图 9-12　拉伸体块**

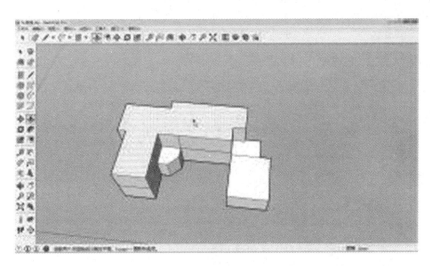

**图 9-13　完成一层体块**

### 9.2.4　生成二层体块

对比二层平面图和一层平面图，发现外墙轮廓不同，在一层体块的上表面（一层平面）的基础上绘制二层平面，然后拉伸相应的高度生成二层体块。

（1）调整视图。单击视图工具栏上的俯视图按钮，将视图调整为顶视图状态，便于绘图。

（2）在工具栏上单击直线工具，在鼠标的光标变成 ✏ 后，按照二层平面图上的外墙轮廓线的尺寸在一层平面上修改，最后封闭成面，如图 9-14 所示。

（3）由立面图可知二层的层高为 3000 mm，单击推拉工具，接着单击 Ctrl 键，在

鼠标的光标变成 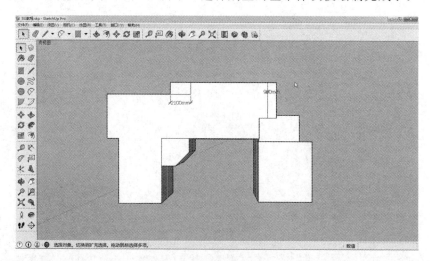 后,将鼠标移至需要拉伸的面上,输入"3000 mm",按 Enter 键,二层的体块绘制完成,如图 9-15 所示。这样别墅的基本体块便绘制完成了。

**图 9-14　绘制二层外墙轮廓线**

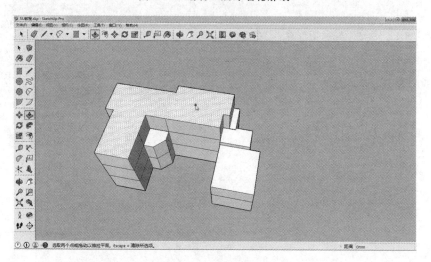

**图 9-15　拉伸体块**

## 9.3　坡屋顶建模

　　本案例中的屋顶是由一个大的复杂屋顶和几个小的独立的屋顶组成的,由于大屋顶的坡度都相同,便只需要使用路径跟随工具将大屋顶完整地构建出来。

　　但实际上有的屋顶的坡度不是相同的,当绘制较为复杂的坡屋顶时,可根据屋顶的坡度将屋顶分为几个小块分别来绘制,然后将每个小块的屋顶结合起来,最后删去多余的部分。

（1）双击屋顶平面后，单击组件工具，建立屋顶组件，如图 9-16 所示。

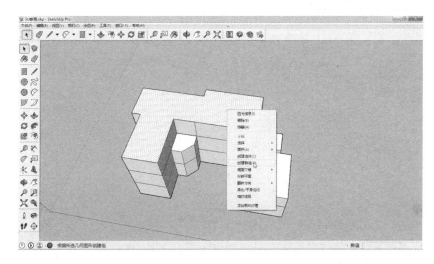

图 9-16　创建组件

我们在建模时，最常用的是组件功能，把重复的单元建成组件后，在后面的建模过程中可以大量复制粘贴或者进行体块拉伸，能节约不少时间。

（2）用鼠标双击组件，进入组件的编辑状态，单击偏移工具，将鼠标移至要偏移的面上，输入"500 mm"，然后按 Enter 键，将屋顶平面向外偏移 500 mm。

（3）比较屋顶各个短边中最长的一边，单击直线工具，在鼠标的光标变成 ✎ 后，在短边中最长的一边的中点处画出垂直于屋顶平面的基础三角形（其中三角形的顶点为这部分坡屋顶的最高点，三角形的角度为坡屋顶的坡度，这些数据都可以根据立面图和屋顶平面图上的尺寸得来），如图 9-17 所示。

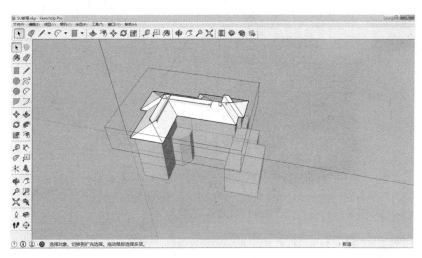

图 9-17　绘制三角形

（4）单击鼠标按住 Ctrl 键选取屋顶平面的所有边线，然后单击路径跟随工具，再单击刚才绘制的基础三角形，跟随前面的边线路径，如图 9-18 所示。

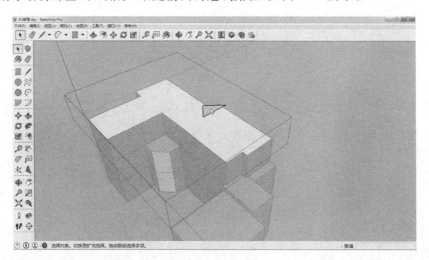

**图 9-18　路径跟随**

（5）框选通过路径跟随绘制的屋顶，单击鼠标右键，点击"模型交错"选项中的"模型交错"，如图 9-19 所示。

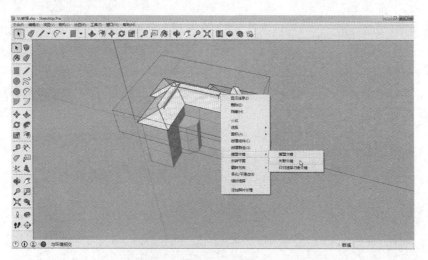

**图 9-19　"模型交错"命令**

模型交错其实就是三维的布尔运算，对两个及以上相交的物体执行"模型交错"命令，其相交部分会生成相交线，擦除不要的部分能够得到特殊的形体。由于推拉工具不能对曲面进行推拉，这个时候用"模型交错"命令会很方便。

（6）删除多余的面和线，根据屋顶平面图对屋顶进行修改，完成后如图 9-20 所示。剩下的两个简单的屋顶也可以按照同样的方法创建。

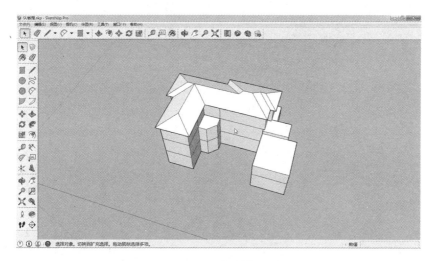

图 9-20　修改屋顶

（7）先根据立面屋顶的高度，单击直线工具，在鼠标的光标变成 ✎ 后，在短边的中点处绘制垂直于屋顶的直角三角形，如图 9-21 所示。

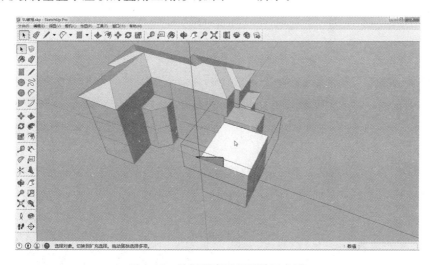

图 9-21　绘制垂直于屋顶的三角形

（8）单击鼠标按住 Ctrl 键选取屋顶平面的所有边线，然后单击路径跟随工具，再单击刚才绘制的直角三角形，跟随前面的边线路径，完成屋顶的创建，如图 9-22 所示。

## 9.4　屋顶檐沟建模

通过上一章的建模案例练习，在绘制完整个坡屋顶后，檐沟的绘制就很简单了。

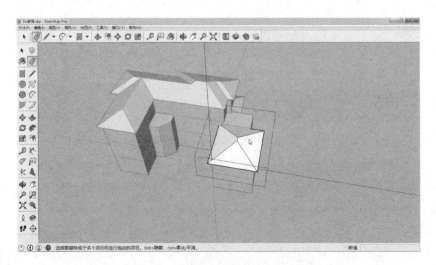

图 9-22　用路径跟随工具创建屋顶

大家知道檐沟就是屋顶外围的一圈集水沟,既然如此,使用路径跟随工具进行绘制就简单多了。这里给大家介绍用两种方法创建檐沟模型。

## 9.4.1　路径跟踪法

(1)首先根据建筑立面图上的檐沟尺寸绘制出檐沟剖面的基本形状,并创建组,然后将檐沟的基本形状复制并平移到大的坡屋顶的边线处,如图 9-23 所示。

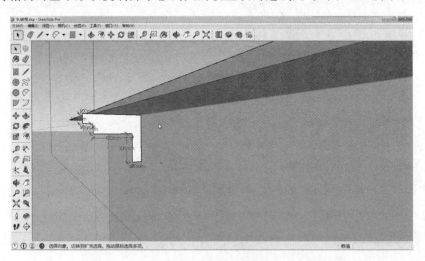

图 9-23　绘制檐沟剖面

(2)双击檐沟基本形状的组,进入组的编辑状态,单击直线工具,在檐沟的组内用直线工具沿着屋顶画出屋顶边缘线,作为跟随的路径,如图 9-24 所示。

(3)选取所有边线,使用路径跟随工具,再单击檐沟基本形状的面,跟随前面的

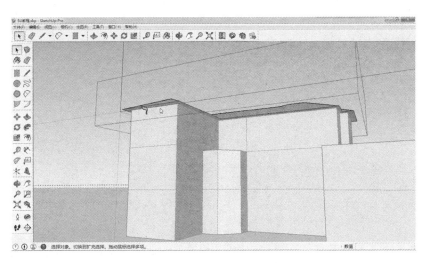

**图 9-24 绘制屋顶边缘线**

边线路径,整个坡屋顶的檐沟就绘制好了,如图 9-25 所示。

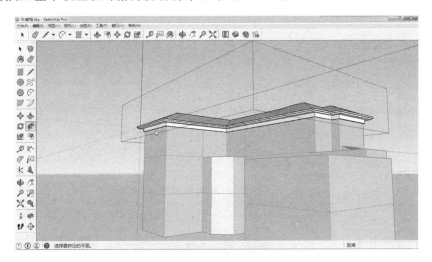

**图 9-25 用路径跟随工具绘制檐沟**

(4) 使用上述方法,更改尺寸,绘制出其他小的坡屋顶上的檐沟。

## 9.4.2 分层推拉法

(1) 按住鼠标中键转换视图到可以看到屋顶下表面,如图 9-26 所示。

(2) 双击进入屋顶组件进行编辑,单击偏移工具,将鼠标移至屋顶的下表面上,输入"100 mm",然后按 Enter 键,将屋顶平面向外偏移 100 mm。

(3) 单击推拉工具,接着单击 Ctrl 键,在鼠标的光标变成 后,将鼠标移至刚才边线偏移 100 mm 之后的面上,沿着蓝色轴线向下,输入"200 mm",然后按 Enter

键,如图 9-26 所示。

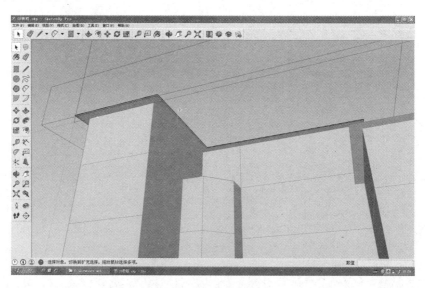

图 9-26　编辑屋顶(1)

　　(4)单击推拉工具,接着单击 Ctrl 键,在鼠标的光标变成 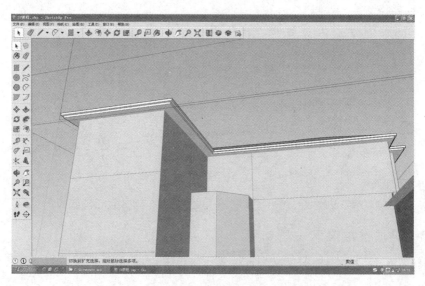 后,将鼠标移至刚才边线偏移之后的另一个面上,沿着蓝色轴线向下,输入"400 mm",然后按 Enter 键,如图 9-27 所示。

图 9-27　编辑屋顶(2)

　　(5)单击偏移工具,将鼠标移至屋顶的下表面上,输入"300 mm",然后按 Enter 键,将屋顶平面向外偏移 300 mm。

　　(6)单击推拉工具,接着单击 Ctrl 键,在鼠标的光标变成  后,将鼠标移至刚才边线偏移 300 mm 之后的内部的面上,沿着蓝色轴线向下,输入"400 mm",然后按 Enter 键,即完成檐沟的绘制,如图 9-28 所示。

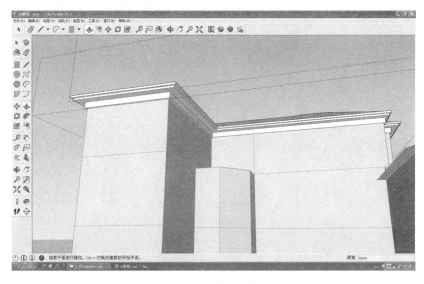

图 9-28　完成绘制檐沟

这种方法比较简单,路径跟随工具使用不熟练的读者也可以使用。路径跟随虽然简单,但是容易出现不可预料的问题。

# 9.5　坡屋顶小别墅附属构件建模

从案例建筑平面图和立面图中可以看出,该坡屋顶别墅的附属构件包括采光井、坡道、台阶、雨篷。构建这些基本构件模型的时候,最好创建组,方便画错的时候修改,以及有重复构件时直接复制使用。接下来就讲述这四种基本构件的建模。

## 9.5.1　采光井建模

从平面图上得知案例中的采光井都是矩形的,并且有一定的厚度,所以先在地下层平面上绘制出采光井的轮廓线(内外两层),然后将轮廓线中间的面向上推拉至一定的高度,即形成采光井。从立面上看,采光井高出地坪面 450 mm,可见该别墅采光井的设置是为了地下室采光和通风,所以采光井建模是从地下层开始的。

(1)首先使用矩形工具,输入相应的尺寸绘制出采光井的外轮廓,形成矩形的面,双击矩形后单击组件工具,建立组件,如图 9-29 所示。

(2)双击组件,进入编辑状态后,选取矩形中与墙面相对的两条边,使用偏移工具,输入"240 mm",将两条线向内偏移 240 mm,并修改绘制出采光井外墙平面,如图 9-30 所示。

(3)单击推拉工具,接着单击 Ctrl 键,在鼠标的光标变成 🪣 后,将鼠标移至采光井外墙平面上,输入"3000 mm",然后按 Enter 键,如图 9-31 所示。

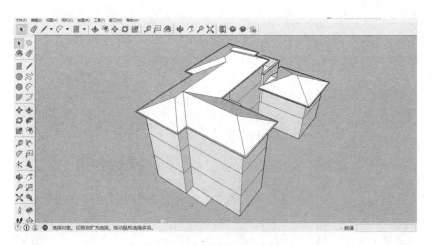

图 9-29　绘制采光井外轮廓

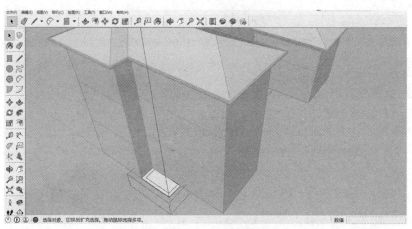

图 9-30　绘制采光井外墙平面

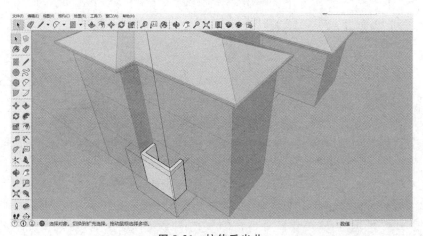

图 9-31　拉伸采光井

（4）使用同样的方法，绘制出其他几处采光井，如图 9-32 所示。

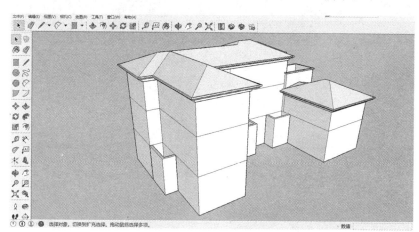

**图 9-32**　绘制其他采光井

（5）采光井的井口处玻璃盖板的建模。

① 首先绘制几个隔板用来放置玻璃，单击矩形工具，输入相应的尺寸，在采光井的任一内壁上绘制出采光井的外轮廓，形成矩形的面，双击矩形后单击组件工具，建立组件，如图 9-33 所示。

② 双击组，进入编辑状态后，单击推拉工具，接着单击 Ctrl 键，在鼠标的光标变成 ⚓ 后，将鼠标移至刚才绘制的矩形面上，沿着垂直于面的方向移动，捕捉到采光井内壁后按 Enter 键确认，这样一个隔板即绘制完成，如图 9-34 所示。

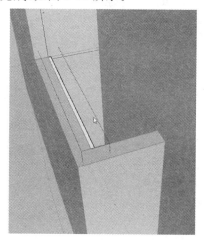

**图 9-33**　绘制矩形　　　　　**图 9-34**　绘制隔板

③ 退出组件编辑，单击移动工具，接着单击 Ctrl 键，将刚才绘制的组件阵列复制多个，形成格栅，便于放置玻璃，如图 9-35 所示。

④ 单击矩形工具，在采光井井口绘制与井口一样大小的矩形，如图 9-36 所示。

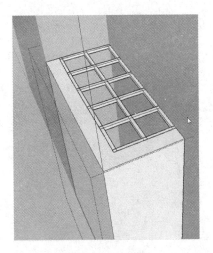

图 9-35 绘制格栅

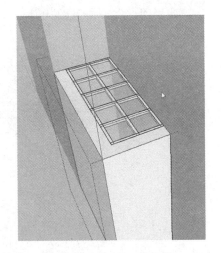

图 9-36 在井口绘制矩形

⑤ 单击油漆桶工具,选择材料为"半透明",点击刚才绘制的矩形赋予玻璃材质,这样简单的采光井就绘制完成了。

⑥ 在绘制其他采光井井口时,我们可以将刚才的采光井井盖的组件按住 Ctrl 键全部选中,点击鼠标右键创建组,把采光井井盖建成组以后,可以把它复制到其他采光井上。如果尺寸不同可以用缩放工具进行缩放,这样在模型绘制中可以节约不少时间。

### 9.5.2 室外坡道建模

根据图纸可以看出,坡道沿着垂直于地面的方向上的剖面都是直角三角形,故坡道可以看做是一个直角三角形推拉到一定的宽度得到的。

(1) 根据坡道的长度,使用直线工具绘制出坡道侧面的直角三角形,双击直角三角形后单击组件工具,建立组件,如图 9-37 所示。

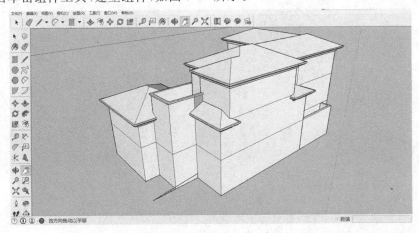

图 9-37 绘制直角三角形

（2）双击组件，进入编辑状态后，单击推拉工具，接着单击 Ctrl 键，在鼠标的光标变成 ⚓ 后，将鼠标移至直角三角形上，输入"3000 mm"，然后按 Enter 键，坡道便绘制完成了，如图 9-38 所示。

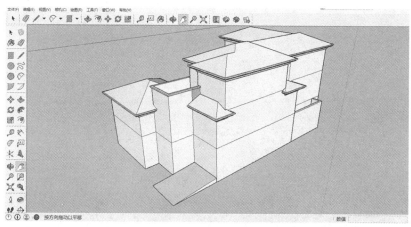

图 9-38　推拉三角形

### 9.5.3　室外台阶绘制

台阶可以看做是很多个厚度一样但是长度不一样的矩形沿着墙边对齐堆叠起来的体块。

（1）根据台阶的长度与高度，单击矩形工具，输入相应的尺寸，形成矩形的面，双击矩形后单击组件工具，建立组件。

（2）双击组件，进入编辑状态后，单击推拉工具，接着单击 Ctrl 键，在鼠标的光标变成 ⚓ 后，将鼠标移至刚才绘制的矩形面上，沿着垂直于面的方向移动 450 mm，这样台阶就完成了，如图 9-39 所示。

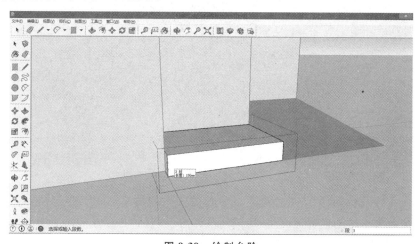

图 9-39　绘制台阶

（3）计算出台阶上下的高度差和台阶的数目，选中台阶竖直方向上的一条边，右键点击拆分，输入台阶数"3"，按 Enter 键，将那条边等分成三段，从而将面等分成三个矩形，如图 9-40 所示。

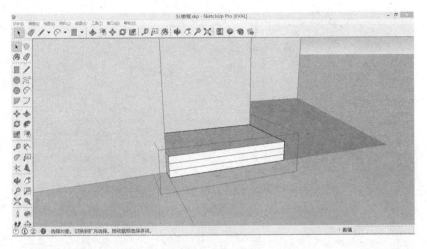

图 9-40 等分矩形

（4）每个矩形即是台阶的踢面，从第二个矩形开始使用推拉工具向外推拉，第二个矩形推拉 300 mm，第一个台阶创建完成，如图 9-41 所示。

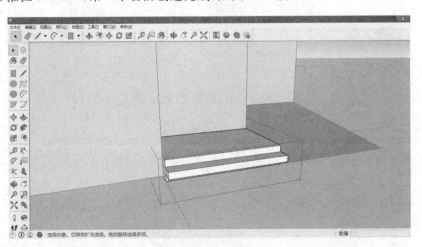

图 9-41 创建台阶

（5）使用推拉工具依次将各个踢面向外推拉出来，即可完成台阶的创建，如图 9-42所示。

注意：这种绘制的方法比较适合台阶数量较少的楼梯，如果台阶数量较多时，可以把一个台阶单独制作成组件，然后进行移动复制，这种方法比较适合有许多台阶的楼梯。

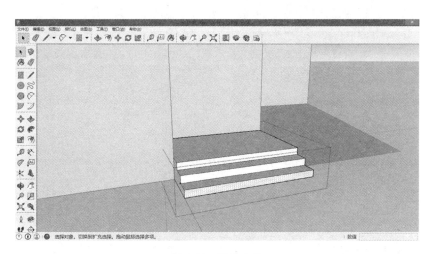

图 9-42 推拉台阶

## 9.5.4 雨篷建模

雨篷由于坡度很小，在绘制的时候，其坡度可以忽略不计，我们只需要根据立面图来确定雨篷的高度，画出矩形再经过拉伸变形即可。

（1）单击矩形工具，根据立面上雨篷的位置和尺寸绘制矩形，双击矩形后单击组件工具，把矩形建立成组件，如图 9-43 所示。

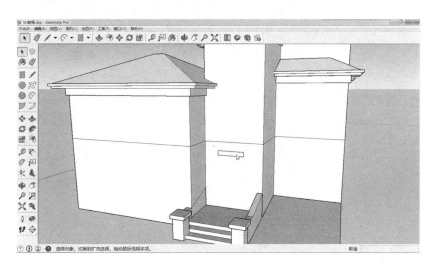

图 9-43 绘制矩形

（2）双击组件进入编辑状态，单击推拉工具，将鼠标移至矩形面上，待面变成蓝色后，将鼠标沿着垂直于面的方向向外移动，输入"200 mm"，按 Enter 键，如图 9-44所示。

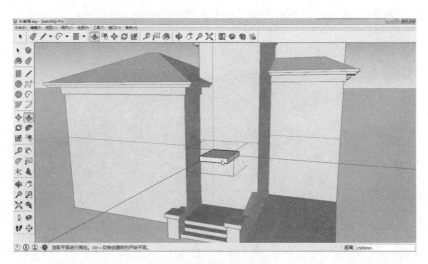

图 9-44　推拉矩形

（3）单击偏移工具，输入"100 mm"，将雨篷外轮廓向内偏移 100 mm，如图 9-45 所示。

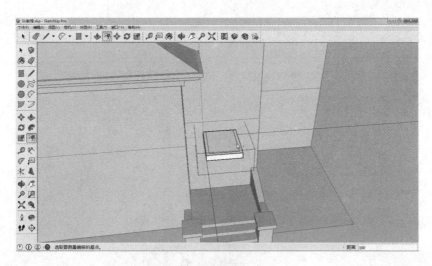

图 9-45　偏移轮廓

（4）单击推拉工具，将鼠标移至矩形面上，待面变成蓝色后，将鼠标沿着垂直于面的方向向下移动，输入"50 mm"，按 Enter 键，如图 9-46 所示。

（5）使用同样的方法将雨篷下表面绘制出来，这样雨篷的基本外形就绘制出来了，如图 9-47 所示。

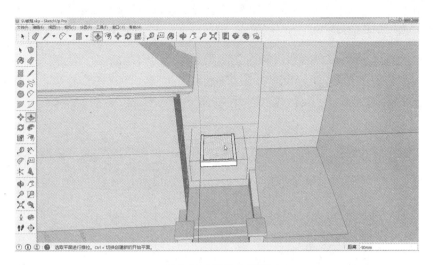

图 9-46 推拉上表面

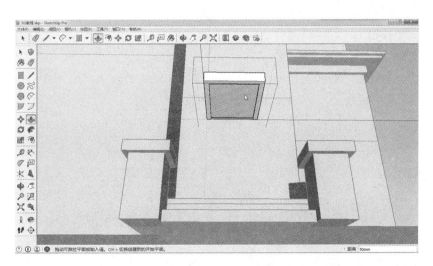

图 9-47 绘制下表面

## 9.6 坡屋顶小别墅门窗建模

通过观察立面可以看出来，别墅建筑的门窗种类不多，一般的别墅建筑窗户的种类不会超过三种，只需要绘制出各种窗户中的一个，再将其按照尺寸伸缩变化、复制即可。为了防止出现构建别墅门窗模型有遗漏的情况，我们在绘制门窗时要一个面一个面地绘制，做到"面面俱到"。最好是选择门窗种类多的一个面开始建模，这样在构建其他面的门窗模型的时候就可以直接把这个面的门窗复制粘贴过去。就案例中的别墅而言，我们先从南立面开始门窗的建模。

### 9.6.1 南立面门窗

首先观察立面上窗户的形式和南立面图中各个门窗的高度位置,然后开始建模。

(1) 单击矩形工具,输入窗户外轮廓的尺寸,绘制出窗户的外轮廓,形成矩形的面,双击矩形后单击组件工具,建立组件,如图 9-48 所示。

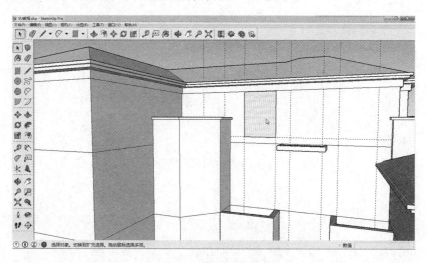

图 9-48 绘制矩形

(2) 双击组件,进入编辑状态后,单击偏移工具,输入"1 mm",将窗户外轮廓向内偏移 1 mm,以便于推拉,如图 9-49 所示。

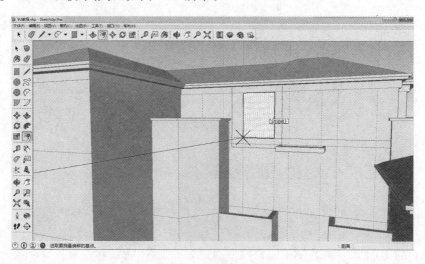

图 9-49 偏移外轮廓

(3) 单击推拉工具,将鼠标移至矩形面上,待面变成蓝色后,将鼠标沿着垂直于面的方向向内移动,输入"200 mm",按 Enter 键,如图 9-50 所示。

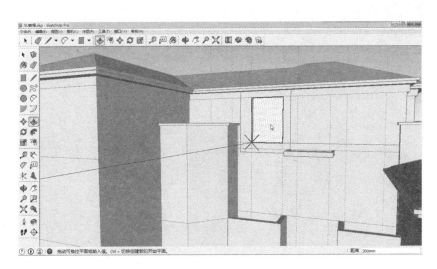

图 9-50　推拉矩形

　　（4）单击材质工具，选择"半透明材质"或者"玻璃材质"，点击矩形的面赋予其材质，如图 9-51 所示。

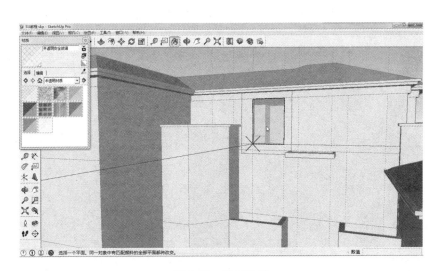

图 9-51　赋予材质

　　我们在绘制窗户的时候，可以先把透明材质附上去，这样形成组件后，在之后窗户的粘贴复制中，就连带材质一起复制过去了，可以省去附材质的时间，方便快捷。

　　（5）接下来绘制窗户上的窗框，相当于一个立方体，单击矩形工具，输入门框底面的尺寸（一般是边长为 100 mm 的正方体），绘制出门框底面，双击矩形后单击组件工具，建立组件，如图 9-52 所示。

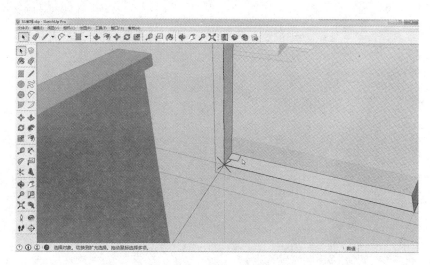

图 9-52　绘制窗框

（6）双击组件，进入编辑状态后，单击推拉工具，将鼠标移至门框底面上，待底面变成蓝色后，将鼠标沿着垂直于面的方向向上移动，捕捉到窗户最上边后单击鼠标左键确定，窗框的一边绘制完成，如图 9-53 所示。

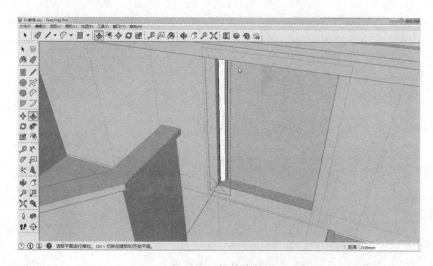

图 9-53　推拉窗框

（7）单击移动工具，同时按住 Ctrl 键，选中刚才绘制的窗框将其复制到另一边，如图 9-54 所示。

（8）接下来绘制窗户的下部窗框（同样是立方体），双击窗户组件进入编辑状态，单击矩形工具，对比窗户的大小绘制出下窗框的平面矩形，双击矩形后单击组件工具，建立组件，如图 9-55 所示。

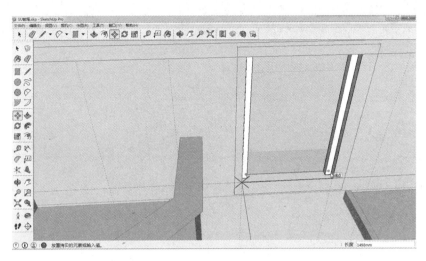

图 9-54　复制窗框

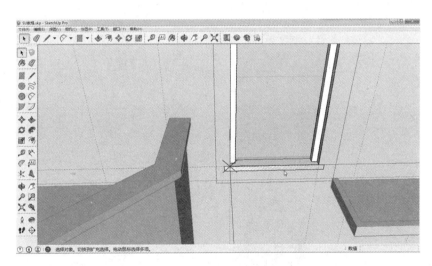

图 9-55　绘制下部窗框

（9）单击推拉工具，将鼠标移至矩形面上，待面变成蓝色后，将鼠标沿着垂直于面的方向向外移动，输入"200 mm"，按 Enter 键，如图 9-56 所示。

接下来绘制窗户内部的格栅，因为格栅是由边长为 5 mm 的正方形的底面、高不相同的立方体组成的，我们绘制格栅时可以先画一个格栅，建立组件，然后根据高度进行拉伸。

（10）根据立面上窗户的形式，可知道窗户上格栅的大致位置，双击窗户进入编辑状态，单击矩形工具，输入"50 mm,50 mm"，按 Enter 键确定，然后单击推拉工具，

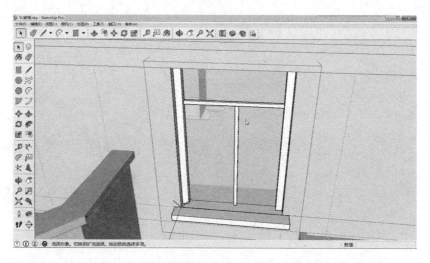

图 9-56　推拉下部窗框

将正方形拉伸形成如图 9-57 所示的格栅。

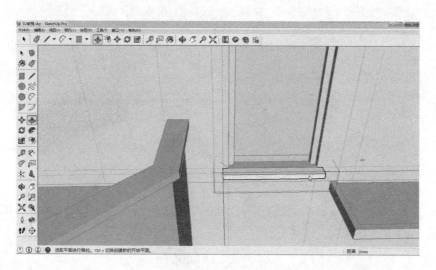

图 9-57　绘制格栅

（11）根据立面图，把一样的窗户进行复制粘贴，单击移动工具，接着单击 Ctrl 键，选中刚才绘制的窗户，将其复制到其他窗户相应的位置，如图 9-58 所示。

（12）立面图上其他形式的窗户则通过拉伸进行变换，然后复制粘贴，将原来的窗户移动到相应位置，选中窗户，单击 S 后，将窗户拉伸至需要的高度或者宽度，如图 9-59 所示。

（13）使用相同的方法完成南立面所有窗户的绘制，如图 9-60 所示。

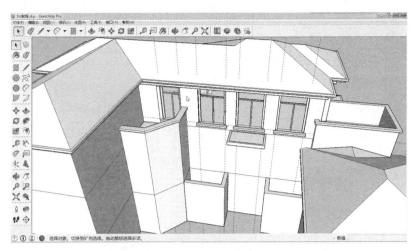

图 9-58　复制窗户

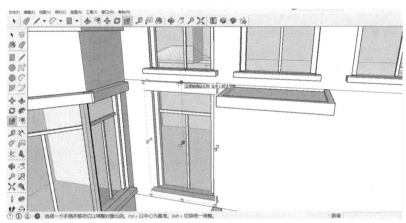

图 9-59　拉伸变换窗户

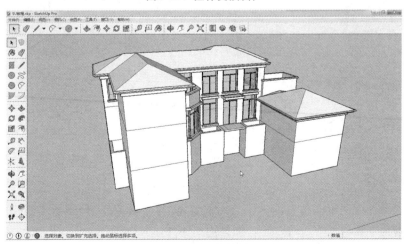

图 9-60　完成南立面窗户的绘制

### 9.6.2 其他立面的窗户

其他立面的窗户使用相同的方法完成,如图 9-61、图 9-62 所示。

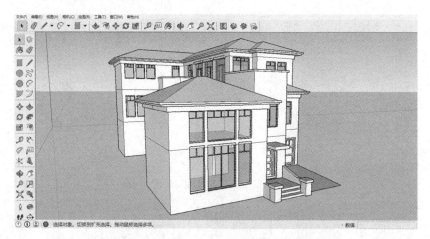

图 9-61 绘制东立面窗户

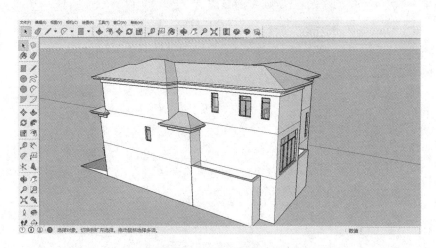

图 9-62 绘制北立面窗户

# 9.7 模型后期整体处理

### 9.7.1 创建场地

由四个立面图可知场地不是一块平整的地面,而是呈阶梯状,单击矩形工具,分别绘制两块不同高度的地面,然后再使用矩形工具将两块地面连接起来,如图 9-63 所示。

图 9-63　创建场地

## 9.7.2　添加材质和色彩

使用油漆桶工具,选择材质给别墅和场地上色,一般别墅的颜色不超过三种,场地颜色不超过两种,这样看起来视觉效果比较和谐,丰富而不花哨,如图 9-64 所示。

图 9-64　赋予材质和色彩

## 9.7.3　建筑配景及建筑小品的布置

点击"窗口"→"组件"→"组件取样",选择常青树、汽车、行人、路灯等放入场地中,可使用缩放工具,根据模型比例调整组件大小,如图 9-65 所示。

注意各个小品配件与主体建筑的比例,重点突出建筑,一般树高不能超过建筑的二层高度。

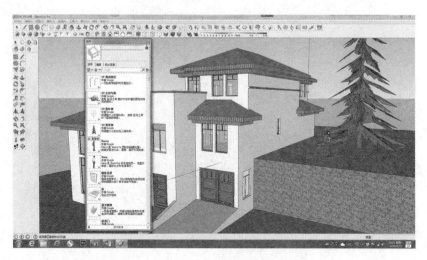

图 9-65　添加配景

### 9.7.4　渲染及导图

建筑模型、场地模型和配景模型制作好以后,就要用 V-Ray 渲染器进一步对模型进行渲染美化,为导出各角度模型效果图做准备,具体操作流程参照本书第八章。案例建筑模型导出 jpg 格式或者 png 格式的图像,如图 9-66、图 9-67 所示,还可以用 Photoshop 软件对导出的图片做进一步处理。

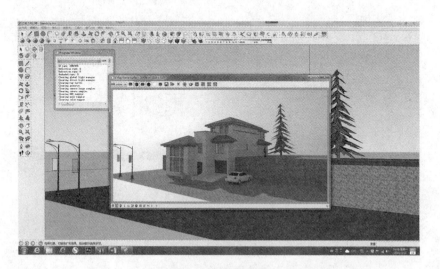

图 9-66　导出图像(1)

图 9-67 导出图像(2)

## 【本章小结】

| | |
|---|---|
| 坡屋顶小别墅<br>建筑识图案例分析 | 1. 建筑平面图、立面图、剖面图的识图和读图训练。<br>2. 有初步的三维模型空间意象,规划建模基本步骤。 |
| 坡屋顶小别墅<br>基础体块建模 | 通过使用 SketchUp 建模直线和推拉工具,完成场地基底有高差的较复杂别墅建筑基本空间体块的建模。 |
| 坡屋顶建模 | 1. 使用路径跟随、组件等工具构建四坡大屋顶完整模型。<br>2. 模型交错等工具在不同坡顶交汇时的使用。<br>3. 坡度和多余面的修改。 |
| 屋顶檐沟建模 | 1. 路径跟随法。<br>2. 分层推拉法。 |
| 坡屋顶小别墅<br>附属构件建模 | 1. 采光井建模。<br>2. 室外坡道建模。<br>3. 雨篷和室外台阶建模。 |
| 坡屋顶小别墅<br>门窗建模 | 1. 窗与窗框的建模。<br>2. 单扇门与门框的建模。<br>3. 双扇门与门框的建模。<br>4. 赋予模型材质和色彩。 |
| 模型后期整体处理 | 1. 创建有高差的场地模型。<br>2. 创建建筑配景模型。<br>3. 墙面材质和色彩。<br>4. 渲染及导图。 |

**【思考题】**

1. 对平面布置较复杂、场地有高差的坡屋顶小别墅建筑进行三维建模前应该如何规划工作流程？

2. 四坡屋顶建模有哪些步骤？主要用到哪些工具？

3. 不同的四坡屋顶模型交汇是如何合并处理成一个整体的？

4. 不同坡顶交汇时坡度和多余面如何修改？

5. 坡屋顶的檐沟建模有哪些常用方法？

6. 采光井建模有哪些基本步骤？

7. 门框的建模和窗框的建模方法有哪些区别？

8. 如何设定墙体和坡屋顶的材质和色彩？

9. 有高差的场地与建筑场景配置建模需要考虑哪些因素？

**【练习题】**

1. 使用 SketchUp 建模工具对本章坡屋顶小别墅建筑案例进行三维建模。

2. 赋予建筑模型合适的材质和色彩，并配设场地和场景效果。

3. 导出 jpg 格式的本章案例建筑模型的四张以上立面图，两张以上鸟瞰图和人视图。

# 第十章　中小型公共建筑绘制——教学楼

【知识目标】

■ 熟悉公共建筑三维建模前识图和读图基本方法。

■ 熟悉大面积曲面玻璃幕墙的快速绘制方法。

■ 掌握楼梯的识图和快速建模方法。

■ 掌握屋顶构架的识图和快速建模方法。

## 10.1　教学楼建筑识图案例分析

教学楼建筑案例的平面图、立面图、剖面图如图 10-1 至 10-9 所示。

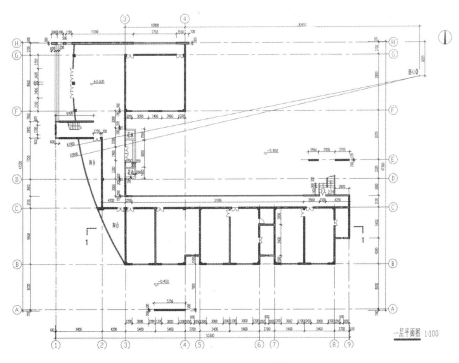

图 10-1　一层平面图

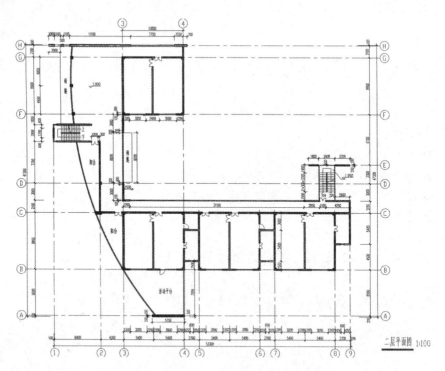

**图 10-2 二层平面图**

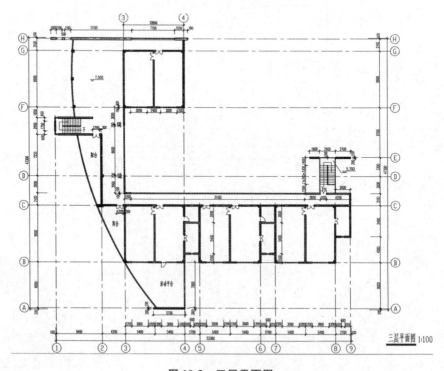

**图 10-3 三层平面图**

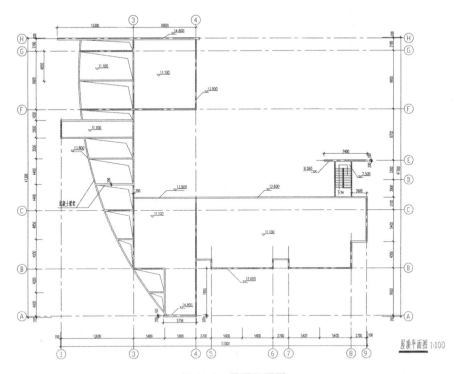

**图 10-4 屋顶平面图**

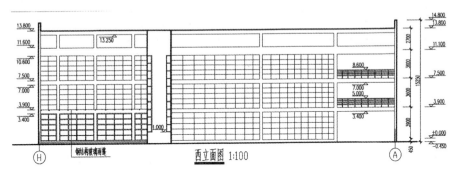

**图 10-5 西立面图**

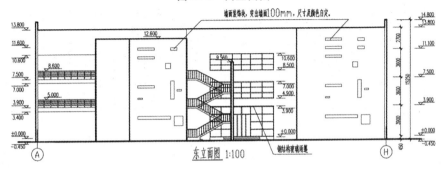

**图 10-6 东立面图**

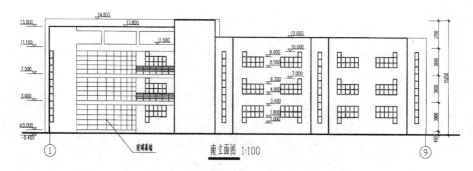

图 10-7　南立面图

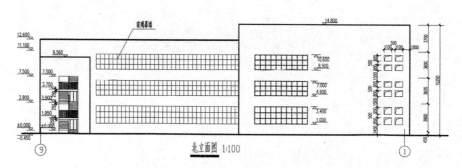

图 10-8　北立面图

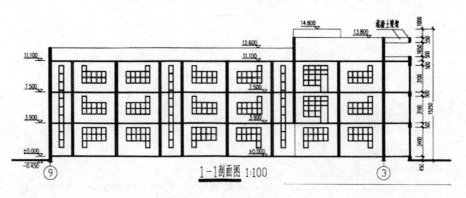

图 10-9　1—1 剖面图

从平面图上可以看出,整个学校大体是由三个形体组成的,难点在于西向的大弧面体,结合立面可以看出西向的弧面上有大面积的玻璃幕墙,根据 SketchUp 的特性——弧线由若干直线构成,我们可以将整个弧墙根据立面玻璃幕墙的分布状况分解成若干的直线墙体,建议在画圆时将圆形分成 24 段,方便接下来的幕墙绘制。

在快速浏览完所有图纸后,我们不难发现,整个建筑的轮廓其实较为简单,相对复杂的部分有如下几处:①较多开窗和大面积玻璃幕墙;②外部的双跑楼梯;③屋顶构架。整个案例建筑的建模关键点也在于这三个部分。

## 10.2 教学楼基础体块建模

(1)首先根据一层平面图,用线条工具画出建筑整体轮廓,具体尺寸如图 10-10 所示。

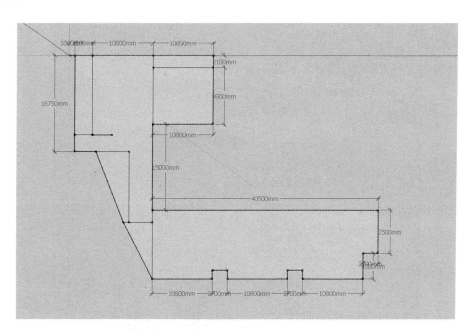

**图 10-10 绘制建筑轮廓**

(2)结合立面图和屋顶平面图,用推拉工具将建筑主体高度拉出来,首层高度为 3900 mm,二层、三层均为 3600 mm,楼层平台也相应通过推拉工具添加到每一层,然后进行下一步的绘图,具体步骤与数据如图 10-11 所示。

(3)根据屋顶平面图的标高要求拉出女儿墙的高度,并将屋顶尺寸划分为单个的矩形方格,方便接下来绘制屋顶构架,进行下一步的绘图,如图 10-12 所示。

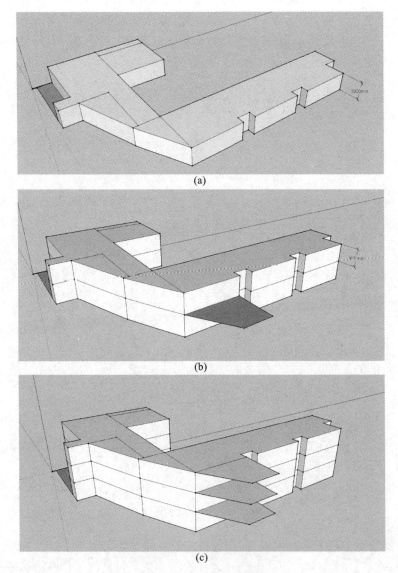

**图 10-11　教学楼体块建模**
（a）一层体块；（b）二层体块；（c）三层体块

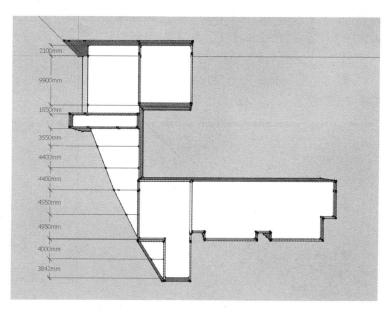

图 10-12　绘制女儿墙

# 10.3　教学楼建筑附属构件建模

## 10.3.1　屋顶构架构建

（1）根据西立面图，将屋顶构架的形状拉出来，用推拉工具直接拉出。由屋顶平面图我们不难看出，在屋顶上共有 8 个横撑构架，在这里我们就要用到创建组件这个快捷键了，在外部构架的内部画出横撑的截面形状，选中截面，使用组件工具，创建组件，如图 10-13 所示。

图 10-13　"创建组件"参数设置

（2）将组件复制多个，在组件内拉伸至最长的横撑长度，而后修剪多出来的部分。修剪单个的已创组件，直接用推拉工具推拉，就可以进行下一步工作，如图10-14所示。

（3）使用推拉工具将屋顶的构件对应形状部分向上推拉1300 mm，然后使用擦除工具对其进行外轮廓删减，得到正确的形状，如图10-15所示。

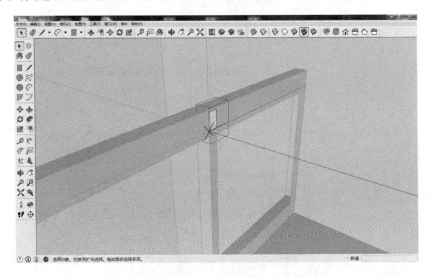

**图 10-14　编辑组件**

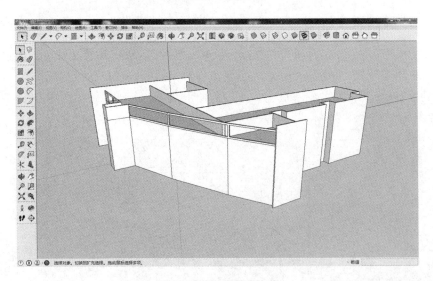

**图 10-15　绘制屋顶构件**

（4）使用创建组件的快捷键"G"在外部构架的内部画出横撑的截面形状，双击选中截面，创建组件，对组件进行偏移1000 mm的复制，按 A 键，同时复制多个，在这里复制8个，得到屋顶装饰构件的基本形状，如图10-16所示。

　　（5）因为建模时构件会伸出限定范围,这里我们使用擦除工具对其进行轮廓删减,最终得到我们想要的构架形状,如图 10-17 所示。

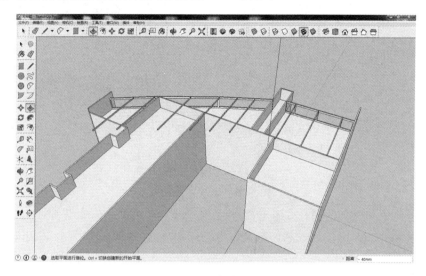

**图 10-16　复制组件**

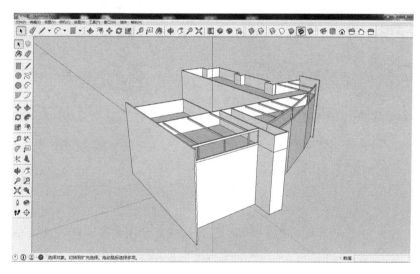

**图 10-17　删减轮廓**

## 10.3.2　阳台与栏杆绘制

　　构架绘制完成后,模型的大致体量也就画出来了,接下来我们要绘制阳台和栏杆。

　　（1）选中楼板,用偏移工具向内偏移 200 mm 的距离,用推拉工具拉出楼板 200 mm 的厚度,如图 10-18 所示。

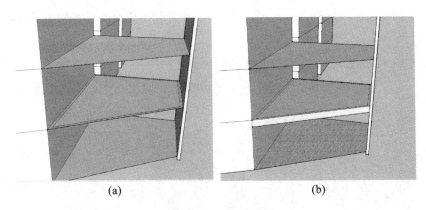

**图 10-18　绘制阳台**

（a）偏移楼板；（b）推拉楼板

（2）将偏移出来的部分双击全部选中，单击创建组件，按住 Shift＋M 键，复制一个相同的组件，在 1100 mm 高的位置作为栏杆，即栏杆高度取 1100 mm，如图 10-19 所示。

（3）根据立面图，向下复制四个相同的组件，组成栏杆的形状，如图 10-20 所示。

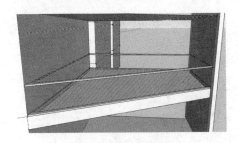

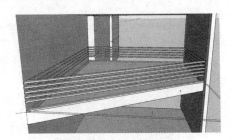

**图 10-19　绘制栏杆**　　　　　　　　　　**图 10-20　复制栏杆**

（4）接着构建栏杆的竖杆模型。画一个 50 mm×50 mm 的正方形，用快捷键 G 创建组件，用推拉工具拉升至 1100 mm 的高度，或推拉时单击横杆最高点，得到与横杆重合的高度，如图 10-21 所示。

（5）选择移动工具，同时按住 Shift 键，即可同时复制多个竖杆，这里每面复制 8 个，值得注意的是，一般阵列工具最终阵列的数量为需要的数量减 1 个，如图 10-22 所示。

（6）接下来我们选中栏杆的所有组件，用移动工具和 Shift 键将组件一起平移到三层，如图 10-23 所示。然后再在组件内，用擦除工具修剪掉与墙面重合的栏杆。这样，阳台的栏杆建模就快速地完成了，如图 10-24 所示。

### 10.3.3　室外台阶、楼梯及雨篷建模

接着我们要构建的是教学楼的雨篷、台阶、楼梯模型。

（1）西面的入口雨篷。用移动工具、Shift 键将一层、二层的楼板线向下平移，选

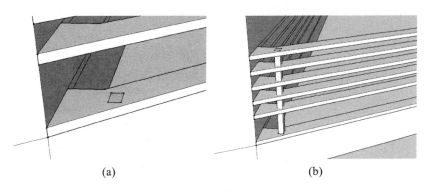

(a)　　　　　　　　　(b)

**图 10-21　绘制竖杆**

（a）绘制正方形；（b）拉伸横杆

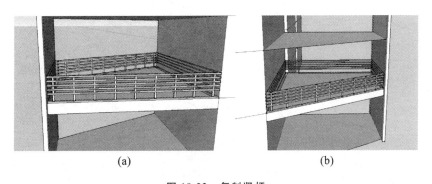

(a)　　　　　　　　　(b)

**图 10-22　复制竖杆**

（a）复制竖杆（1）；（b）复制竖杆（2）

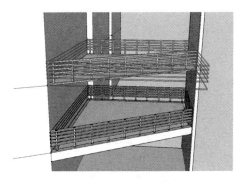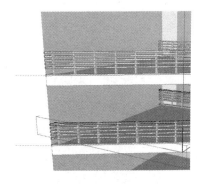

**图 10-23　复制组件**　　　　　　**图 10-24　删除多余栏杆**

中矩形部分，用推拉工具将面拉至与入口平行，形成一个简单雨篷，如图 10-25 所示。

（2）室外台阶。用移动工具、Shift 键将入口的边界线向内平移 300 mm，同时可用阵列工具"×2"得到三个相同构件，因为教学楼室外台阶的踏步宽一般取 300 mm 为佳，故平移两个 300 mm 得到三级台阶踏面，作为联系室内外高差的台阶，如图 10-26所示。

（3）用推拉工具将每个踏面逐级向上拉 150 mm，即台阶踏步的高取 150 mm，这样我们就完成了室外台阶的构建。对于花坛我们要先画出平面，平面尺寸在一层平面图中可以找到，再根据立面图用推拉工具拉出对应的花坛高度，如图 10-27 所示。

（4）东面的雨篷和室外台阶的构建与上述雨篷和台阶的构建方法相同。

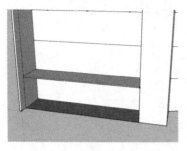
图 10-25　推拉雨篷

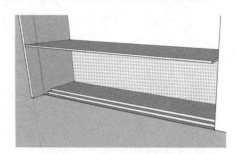
图 10-26　绘制台阶

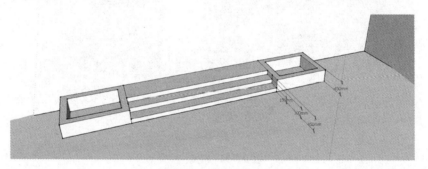
图 10-27　绘制花坛

（5）北面入口楼梯。北面有一个室外楼梯，在建模中我们需要表达出楼梯的构造。根据楼梯平面图画出平面投影形状，并用推拉工具将楼梯外侧的梯间墙体块构建出来，如图 10-28 所示。

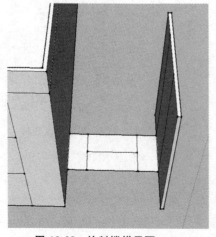
图 10-28　绘制楼梯平面

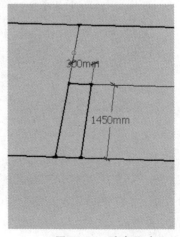
图 10-29　踏步尺寸

（6）根据案例图纸，可知每级踏步的尺寸为 1450 mm×300 mm，如图 10-29 所示。在每级踏步上作体块并创建组件，如图 10-30 所示。

（7）用移动工具、Shift 键将组件复制 10 个，完成阵列，踏步的最后一级连接梯段休息平台，在梯段上方用推拉工具构建出休息平台，如图 10-31 所示。

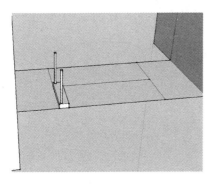 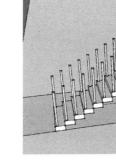

图 10-30　绘制踏步　　　　　　　图 10-31　绘制休息平台

（8）绘制栏杆扶手。绘制一个矩形，创建为组件，用推拉工具拉出一定的厚度，构建连接第一级踏步和最后一级踏步的栏杆；选择组件，用移动工具、Shift 键，将另一侧的栏杆扶手也平移出来。同理，画出休息平台的栏杆扶手，如图 10-32 所示。

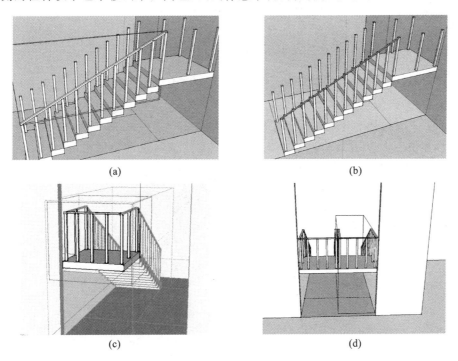

(a)　　　　　　　　　　　　(b)

(c)　　　　　　　　　　　　(d)

图 10-32　绘制栏杆扶手

(a) 绘制栏杆；(b) 复制栏杆；(c) 绘制休息平台栏杆 1；(d) 绘制休息平台栏杆 2

（9）将所有的楼梯组件建成一个新的组件，旋转复制，构建出各层梯段与休息平台模型。再把与休息平台相连的墙面的洞口用推拉工具画出来，如图 10-33 所示。这样，完整的楼梯模型就构建完成了。

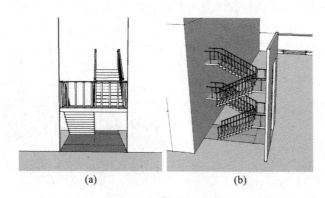

(a)　　　　　　　　　　(b)

**图 10-33　完成楼梯模型**

（a）旋转复制各层梯段；（b）绘制墙面洞口

## 10.4　教学楼门窗建模

### 10.4.1　窗的快速构建

建筑模型的大致构建已经完成，现在要开始门窗建模。首先构建西立面上大面积的玻璃幕墙模型。

（1）根据立面图上的幕墙分隔尺寸绘制出一个正方形单元，创建组件。然后在组件内用偏移工具向内偏移一定距离，用推拉工具推出两层窗框的厚度，一般取60 mm，如图 10-34 所示。

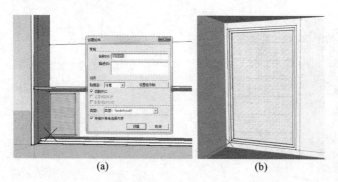

(a)　　　　　　　　　　(b)

**图 10-34　创建窗组件**

（a）创建组件；（b）绘制窗框厚度

（2）参照立面图的幕墙单元，使用移动工具、Ctrl 键，向右复制一扇窗的组件，用重复命令选中窗户向上平移，输入"＊4"命令将两扇窗同时向上复制 4 份，并将其编辑成组群。同时向右复制成一整个玻璃幕墙，将玻璃幕墙编辑成组群，如图 10-35 所示。

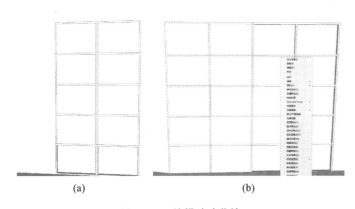

(a) (b)

**图 10-35 编辑玻璃幕墙**

（a）复制组件；（b）创建组件

（3）运用旋转工具与移动工具对玻璃幕墙进行复制与移动，玻璃幕墙的尺寸可以根据窗户大小、立面尺寸、整体造型等设计，一般应考虑建筑模数制，以 300 mm 的倍数进行设计。此处按照 600 mm×900 mm 的尺寸对大片玻璃幕墙进行建模，如图 10-36 所示。

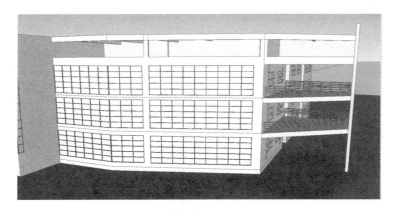

**图 10-36 复制移动玻璃幕墙**

（4）南立面的窗户绘制方法同上，画出一扇玻璃窗并创建组件，复制成立面窗的单体形式，并将其组成组群，参照案例建筑立面图，复制整体的立面窗至右方，按右键沿轴镜像的红轴方向对窗户进行翻转和排列，如图 10-37 所示。

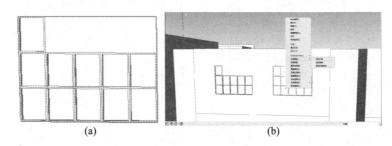

图 10-37　绘制南立面窗户

（a）画出一扇窗户；（b）复制移动窗户

（5）使用移动工具、Ctrl 键将窗户向下复制，使用旋转工具，选中一层的两扇窗户对其进行旋转复制，如图 10-38 所示。

（6）竖向长窗绘制方法同上，根据立面图画出一个大概的正方形并创建组件，然后在组件内用偏移工具向内偏移一定距离，用推拉工具推出两层窗框的厚度，向下复制后编辑成组件，如图 10-39 所示。

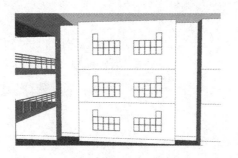

图 10-38　旋转复制窗户

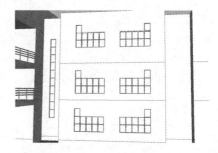

图 10-39　绘制竖向长窗

（7）参照案例建筑立面图，使用移动工具、Ctrl 键将窗户整体向左、向右复制两份，得到南立面窗户整体效果，如图 10-40 所示。

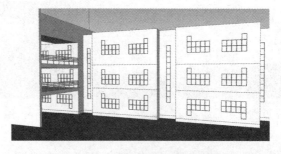

图 10-40　南立面窗户整体效果

（8）其他立面上的窗户模型创建同以上各面窗户创建步骤，得到的最后整体建筑模型如图 10-41 所示。

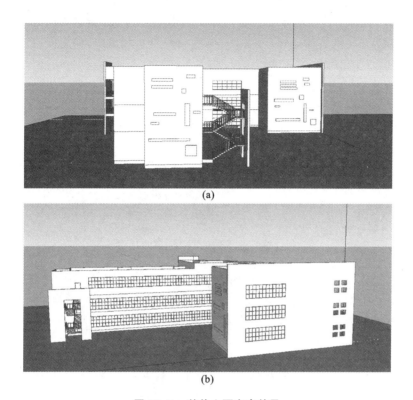

(a)

(b)

**图 10-41　其他立面窗户效果**

(a) 东立面窗户效果；(b) 北立面窗户效果

## 10.4.2　门的建模

（1）使用矩形工具绘制矩形，选择平面，右键选择"创建组件"。出来一个对话框，输入名称"门"，作为标记组件名称，如图 10-42 所示。

（2）接着使用矩形工具绘制正方形，注意不要紧贴边缘绘制。全选平面，右键选择"创建组件"。出来一个对话框，输入名称"格栅"，双击该组件对其进行编辑，使用推拉工具推拉，使用移动工具将组件移动到内部边缘处，单击 K 键打开后边线模式，使用移动工具并按住 Ctrl 键将其复制平移到另一端点处，如图 10-43 所示。

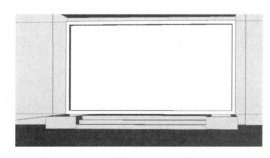

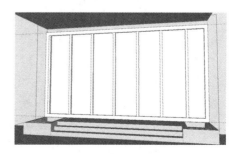

**图 10-42　创建门**　　　　　　　　　　　**图 10-43　绘制格栅**

（3）使用旋转工具并按住 Ctrl 键将中间的格栅进行复制旋转 90°,如图 10-44 所示。使用移动工具将其移动到顶端,双击该组件对其进行编辑,使用推拉工具推拉至另一端端点后,使用缩放工具进行缩放,如图 10-44 所示。

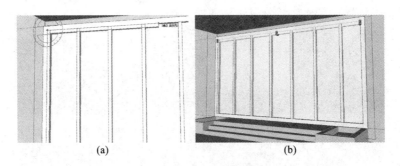

(a)　　　　　　　　　(b)

**图 10-44　绘制横向格栅**

（a）复制旋转格栅；（b）缩放格栅

（4）使用移动工具并按住 Ctrl 键将组件向下复制移动,双击横格栅进行编辑,同时使用缩放工具对每一个格栅进行缩放,得到的最后效果如图 10-45 所示。

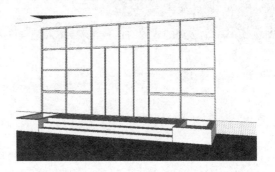

**图 10-45　完成格栅绘制**

## 10.5　教学楼整体模型后期处理

对模型进行整体的后期处理,使模型整体更真实、美观。

**1. 添加材质**

在之前的步骤中提到过如何使用材质工具对建筑的立面模型赋予材质和色彩。建筑的赋色不要太过复杂,要注意和谐统一,尽量使用简洁明快的配色进行对比,来突出建筑的空间体块关系。此案例中,尝试使用以下的配色方案,如图 10-46 所示。

主入口和大平台处外墙部分使用配色为"原樱桃木",其他墙面使用配色为"瓷砖-石灰石-多",屋顶构架使用配色为"木-地板-镶木",窗户使用配色为"半透明-玻璃-蓝色"。

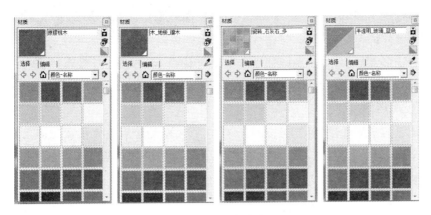

**图 10-46　配色方案**

赋予材质和色彩后的案例建筑模型如图 10-47 所示。

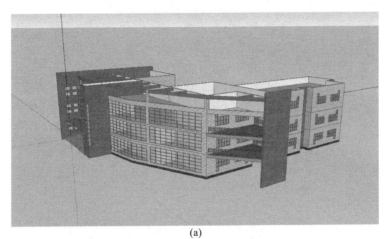

(a)

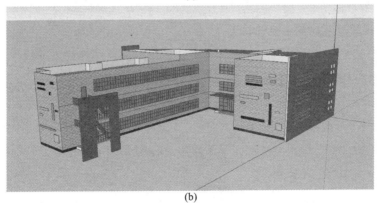

(b)

**图 10-47　建筑模型效果**

（a）材质及配色效果（1）；（b）材质及配色效果（2）

当然也可以尝试其他配色,得到不同的立面效果。注意一般不同的立面颜色可以对应不一样的窗户颜色,在"材质"编辑器里面可以对材质的透明度和颜色、灰度等进行简单编辑,对于有材质贴图的还可以更改材质贴图比例,自行添加材质纹理,这里不再赘述,对此感兴趣的读者可以自行参考材质和渲染的相关教程。

**2. 创建场地模型**

以建筑为中心使用矩形工具绘制一个长宽大概是建筑单体长宽三四倍的矩形,在场地平面上使用矩形工具绘制两条道路,使用材质工具对其进行填充。同时,使用材质工具选择"草皮植被 1"材质,对道路以外的场地赋予颜色和材质,然后进行下一步的模型构建,如图 10-48 所示。

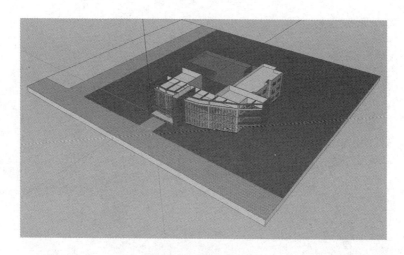

图 10-48　创建场地模型

**3. 建筑配景及建筑小品的布置**

添加配景至场地模型中,选择常青树、汽车、行人、路灯等放入场地中,使用缩放工具可改变组件大小,如图 10-49 所示。

**4. 渲染及导图**

场地制作好以后要进一步美化,为导出案例建筑模型的各立面效果图和鸟瞰图、人视效果图做准备。导图与渲染的具体操作流程可参考第八章,参数调试好后得到的渲染图如图 10-50 所示。

图 10-49 添加配景

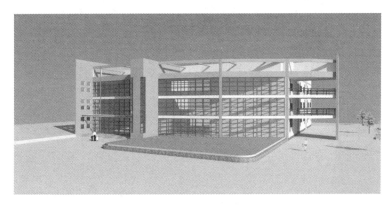

图 10-50 导出图像

## 【本章小结】

| | |
|---|---|
| 教学楼建筑识图案例分析 | 根据建筑平面图、立面图、剖面图进行三维建模前期分析,提炼建模关键技术路线。 |
| 教学楼基础体块建模 | 1. 通过使用 SketchUp 建模直线和推拉工具,实现对建筑基本空间体块的建模。<br>2. 弧面外墙体块建模。 |
| 教学楼附属构件建模 | 1. 利用组件工具完成屋架建模。<br>2. 阳台和栏杆建模。<br>3. 室外台阶和雨篷建模。<br>4. 室外楼梯建模。 |

续表

| | |
|---|---|
| 教学楼门窗建模 | 1. 大面积玻璃幕墙的建模。<br>2. 对称、重复排列窗户的建模。<br>3. 玻璃门的建模与分格。<br>4. 墙上洞口的建模。 |
| 教学楼整体模型后期处理 | 1. 赋予模型材质和色彩。<br>2. 创建场地模型。<br>3. 创建建筑配景模型。<br>4. 渲染及导图。 |

## 【思考题】

1. 对平面布置较复杂、立面有玻璃幕墙和大量重复性窗户的建筑进行三维建模，应该重点注意哪些内容？

2. 对案例建筑的复杂屋顶构架，建模时如何保证准确性和减少重复工作？

3. 使用 SketchUp 工具快速进行曲面玻璃幕墙建模时如何处理曲面建模？

4. 室外台阶和花池建模分哪几步？

5. 室外楼梯的梯段和平台、扶手等构件如何建模？

6. 大面积曲面玻璃幕墙的建模有哪些主要操作步骤？如何保证曲面的准确表达？

7. 对称、重复排列窗户的建模有哪些主要操作步骤？

8. 模型材质和色彩的配置需要考虑哪些因素？

9. 场地与建筑场景配置建模需要考虑哪些因素？

## 【练习题】

1. 使用 SketchUp 建模工具对本章学校建筑案例进行三维建模。

2. 赋予建筑模型合适的材质和色彩，并配设场地和场景效果。

3. 导出 jpg 格式的本章案例建筑模型的四张以上立面图，两张以上鸟瞰图和人视图。

# 第十一章　中小型公共建筑绘制——体育馆

【知识目标】

■ 了解中小型体育馆建筑三维建模前的识图和读图基本方法。
■ 熟悉中小型体育馆建筑主要构件的三维建模方法。
■ 掌握绘制曲面屋顶的方法及其基本操作流程。
■ 掌握悬索构件的建模方法。

## 11.1　体育馆建筑识图案例分析

识图和读图是建筑三维建模最基础、最重要的步骤之一，我们在着手建模前，必须正确且全面地认识案例建筑的尺度和大致形体构成。本案例建筑为一座中等规模的体育馆，屋盖采用悬索结构，其图纸如图 11-1 至图 11-10 所示。

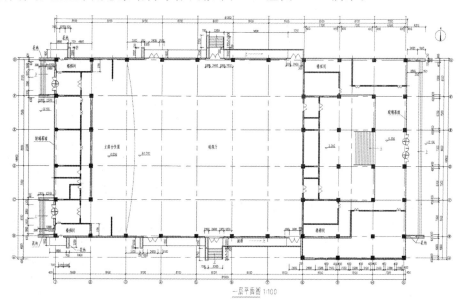

图 11-1　一层平面图

分析该体育馆建筑的平面图，忽略入口等细部构造，可以看到，建筑由两个矩形体块组成。结合立面图可发现，东边为 23 m 高的凹曲面的附属功能建筑，西边为低矮的单层建筑，其屋顶由两个凸曲面相连接而成，凹槽处有四根悬索。南北立面组成基本一致，建模过程中可利用构件镜像特点快速完成构建。

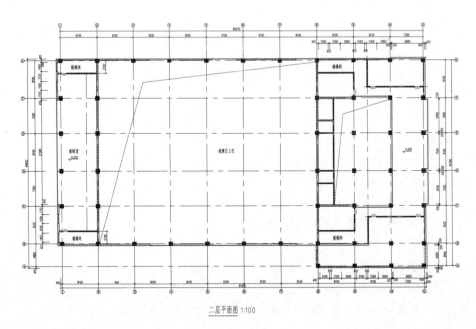

二层平面图 1:100

**图 11-2　二层平面图**

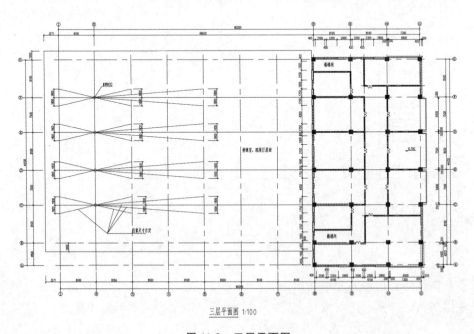

三层平面图 1:100

**图 11-3　三层平面图**

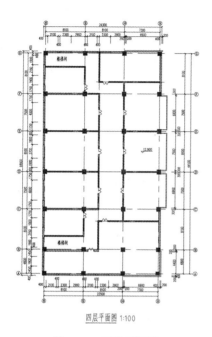

四层平面图 1:100

**图 11-4　四层平面图**

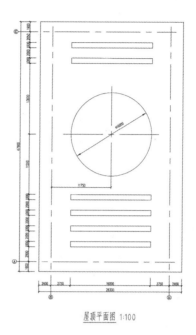

屋顶平面图 1:100

**图 11-5　屋顶平面图**

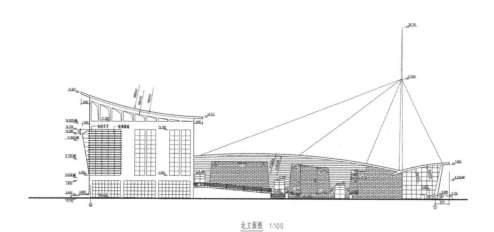

北立面图 1:100

**图 11-6　北立面图**

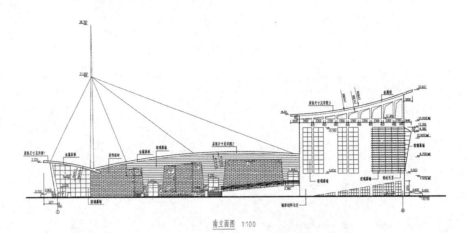

图 11-7　南立面图

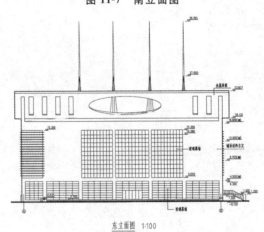

图 11-8　东立面图

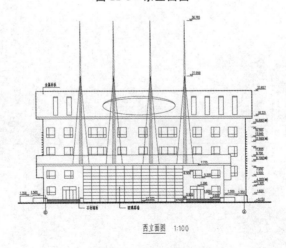

图 11-9　西立面图

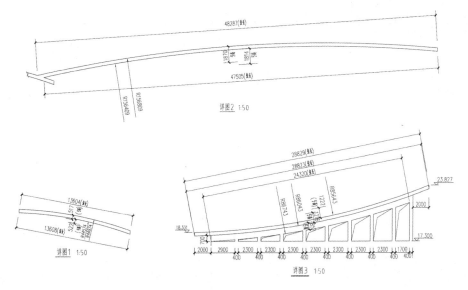

**图 11-10　详图**

图纸最后给出了屋顶的细部构架尺寸详图,在建模过程中,要注意其上部的镂空样式和其细部尺寸。

## 11.2　体育馆基础体块建模

### 11.2.1　绘制底层平面

体育馆的基础体块建模,从它的一层平面图的绘制入手。

调整视图,点击视图工具栏上的俯视图按钮,将视图调整为顶视图状态,便于绘图。使用矩形工具,结合一层平面图,绘制一个边长分别为 44900 mm、81000 mm 的矩形平面,如图 11-11 所示。

分割平面。单击直线工具,按照一层平面图上主墙体的位置,在矩形上分割底面,尺寸如图 11-12 所示。

### 11.2.2　生成体块

绘制好一层平面的形状后,就要对平面进行体块生成。

单击推拉工具,参照南北立面图的标高尺寸(或者平面图上的标高),将中间的体块拉伸,输入高度"8600 mm",右侧拉伸 16800 mm,如图 11-13 所示。单击擦除工具,将体块上的多余线条删除,如图 11-14 所示。

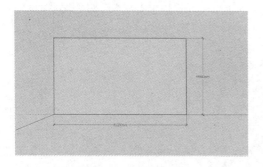

图 11-11　绘制矩形

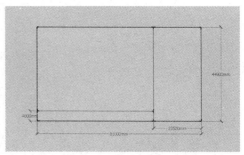

图 11-12　分割平面

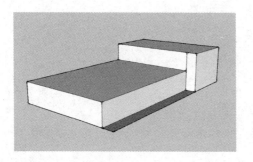

图 11-13　拉伸体块

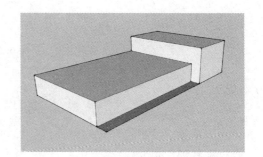

图 11-14　删除多余线条

## 11.3　曲面屋顶建模

　　曲面屋顶为本次建模的一个难点,建模思路为利用带曲线的平面,使用推拉工具形成曲面(这也是曲面建模的常见方法),然后创建其他形体的立体模型与之相交,使用模型相交工具,创建曲面上的开洞。曲面屋顶的绘制主要利用曲线工具和推拉工具完成。

　　模型交错其实就是三维的布尔运算,对两个及两个以上相交的物体执行"模型交错"命令,其相交部分会生成相交线,擦除不要的部分,能够得到特殊的形体。创建两个物体,将物体移动到适当位置,使两个体块相交;选中所有对象,右键执行"模型交错"命令,模型相交的地方就出现了相交线,按自己的需求删掉一些不需要的,即可形成自己想要的形状。

### 11.3.1　单曲面屋顶的建模

　　参照曲面屋顶大样图,确认屋面尺寸。需要注意的是,由于屋顶形状独特,宜将其拿到空白处单独建模,然后成组,以避免相互干扰。

　　(1)绘制底面矩形。使用矩形工具绘制一个边长分别为 27500 mm、5500 mm 的矩形,如图 11-15 所示。

（2）单击曲线工具，在该矩形内画出一条半径为 85643 mm 的圆弧，如图 11-16 所示。

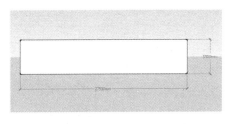

图 11-15　绘制矩形

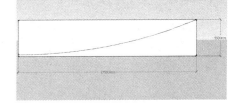

图 11-16　绘制圆弧

（3）选中步骤 2 中画好的曲线，单击偏移工具，使该曲线向下偏移 400 mm，如图 11-17 所示。

（4）单击擦除工具，将两条曲线围成的四边形以外的多余线条删除，保留曲线形状，如图 11-18 所示。

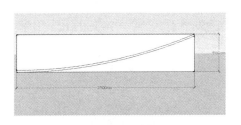

图 11-17　复制偏移曲线

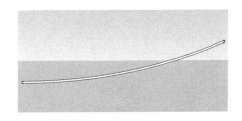

图 11-18　删除多余线条

（5）单击推拉工具，再单击 Ctrl 键，将图 11-18 的曲面推拉 48700 mm 形成曲面屋顶造型，如图 11-19 所示。

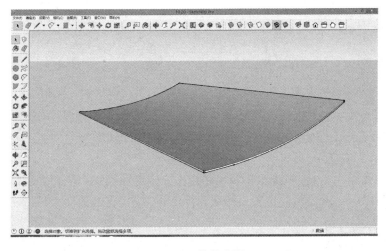

图 11-19　推拉曲面

（6）相交模型创建。在屋顶大样图上可以看到，曲面屋顶上开了圆形和矩形的洞,因此先绘制出相关的体量。单击圆工具,画一个直径为 16000 mm 的圆,如图 11-20所示。再单击推拉工具,将该圆拉伸一定的高度,如图 11-21 所示。

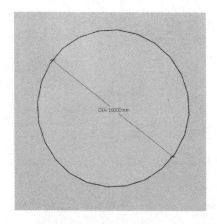

图 11-20　绘制圆

图 11-21　拉伸圆

(7) 单击矩形工具,绘制一个边长分别为 1600 mm、1000 mm 的矩形。如图 11-22所示。再单击推拉工具,将该矩形向上拉伸一定的高度,如图 11-23 所示。

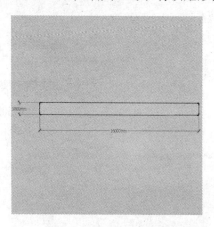

图 11-22　绘制矩形

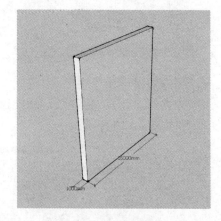

图 11-23　拉伸矩形

(8) 单击箭头工具框选或连续单击形体,全选步骤 6 中的圆柱体,单击右键,出现如图 11-24 所示的对话框,单击"创建组件"。同理,将步骤 7 中的长方体也创建成组件,如图 11-25 所示。

(9) 单击箭头工具,选择图 11-25 中的长方体组件,然后单击移动工具,将该长方体移动到图 11-26 所示的位置。继续选择该长方体,单击移动工具,按下 Ctrl 键,沿着绿轴方向,移动 3000 mm,然后单击 X 键,然后再按数字键 3(即等距离复制了三个),如图 11-27 所示。

(10) 按照步骤 9,单击移动工具将圆柱体组件移动到如图 11-28 所示的位置。同理,移动复制长方体如图 11-29 所示。

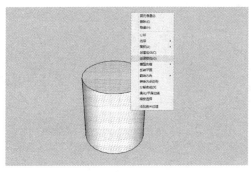

图 11-24　将圆柱体创建组件

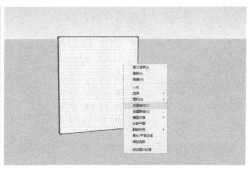

图 11-25　将长方体创建组件

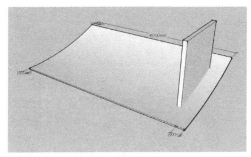

图 11-26　移动长方体

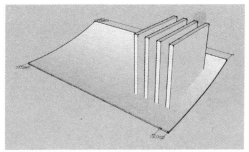

图 11-27　复制长方体

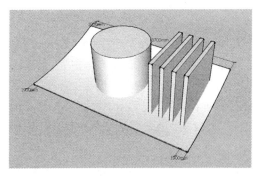

图 11-28　移动圆柱体

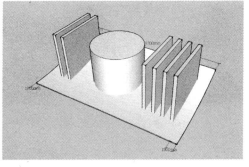

图 11-29　移动复制长方体

　　（11）单击箭头工具，按住左键并拖动鼠标，将屋顶部分全部选中，再单击鼠标右键，出现任务菜单，单击"分解"命令，如图 11-30 所示，将成组的模型全部炸开。完成之后再次将所有模型全部选中，单击鼠标右键，在出现的任务菜单中单击"模型交错"→"模型交错"命令，如图 11-31 所示，使圆柱和矩形都与曲面屋顶相交，并产生相交线和相交面。

　　（12）单击鼠标右键，将曲面屋顶上下的长方体和圆柱体删除，如图 11-32 所示；继续删除曲线屋顶上面的长方形和圆形，镂空的曲面屋顶完成，按 G 键将其建成组

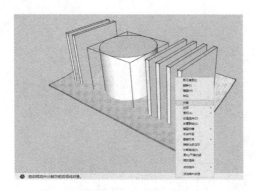

图 11-30　分解组件　　　　　　　　　图 11-31　模型交错

件,如图 11-33 所示。

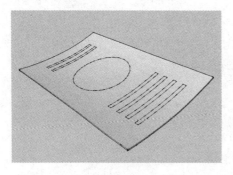

图 11-32　删除长方体和圆柱体

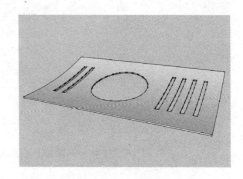

图 11-33　创建组件

(13)屋顶支架模型的构建。单击铅笔工具,画一条长为 23500 mm 的线,再画该线与曲面屋顶的连接线,左边为 700 mm,右边为 5100 mm,单击鼠标右键,全选图 11-33 所示的屋顶,再单击移动工具,将屋顶移动至与这三条线吻合的位置,如图 11-34所示。选中屋顶下曲面的下曲线加以复制,如图 11-35 所示。用鼠标右键点击组件以外的任意一点的位置,然后再点击"编辑"栏目下的"原位粘贴",如图 11-36 所示。

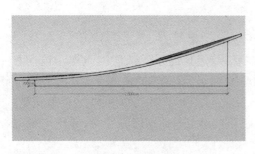

图 11-34　移 动 屋 顶

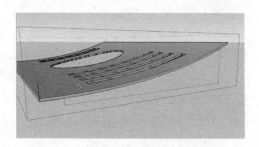

图 11-35　复 制 曲 线

"原位粘贴"意思很简单,就是在原来物体的位置上再复制粘贴一个(如果在原物体上按 Ctrl＋C 键,然后再按 Ctrl＋V 键进行复制粘贴也可以,但不是在原位上;若不是在原位上,可以先选中目标按 Ctrl＋C 键,然后在需要复制的视图场景中按 Ctrl＋V 键进行复制粘贴即可)。这个功能很多人没有注意到,或者不常用,善于利用这些功能会让 SketchUp 的建模效率大大提高。这个功能是 SketchUp 自身就有的,在"编辑"栏里面可以找到"原位粘贴"命令,也可以设置快捷键,这样操作会比较方便。

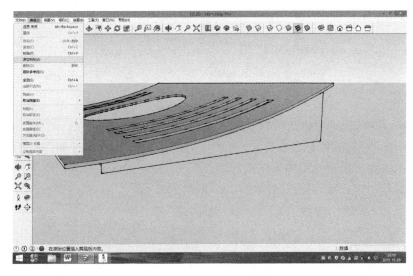

**图 11-36　"原位粘贴"命令**

　　(14)选择屋顶组件,单击"编辑"栏目下的"隐藏",隐藏屋顶,删除两边多余的线条,即得到图纸中所示的曲面四边形,如图 11-37 所示。

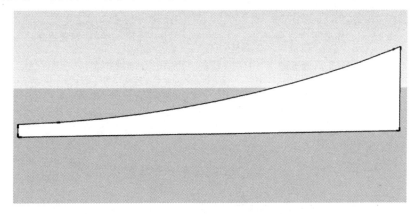

**图 11-37　曲面四边形**

　　(15)选择图 11-37 中的曲线,单击偏移工具,向下偏移 700 mm,按照图纸的尺寸,对这个曲面多边形进行划分,如图 11-38 所示。
　　(16)删除多余的线条,如图 11-39 所示,用鼠标左键全选,单击右键,出现对话框,选择"创建组件",如图 11-40 所示。选择"编辑"→"取消隐藏"→"全部",如图

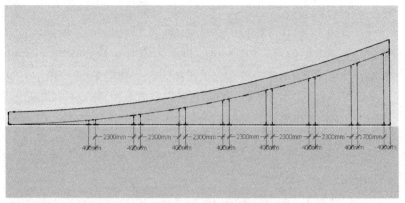

图 11-38　划分多边形

11-41所示,在步骤 14 中隐藏的屋顶会显示出来。再使用推拉工具,将图 11-40 所示的组件推拉 400 mm 厚,如图 11-42 所示。用鼠标左键选择该组件,单击 Ctrl＋M 键,将其沿着曲面屋顶的延伸方向复制移动 44900 mm。用鼠标左键全选,单击移动工具,将其移动至与基本体块对应的位置,如图 11-43 所示。最后将所有部件全部选中,单击鼠标右键将其成组,并移动到相应的位置。

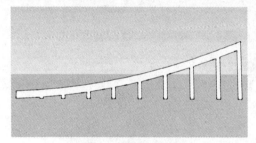

图 11-39　删除多余线条

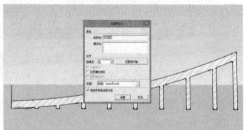

图 11-40　创建组件

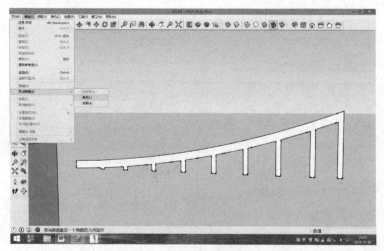

图 11-41　取消隐藏

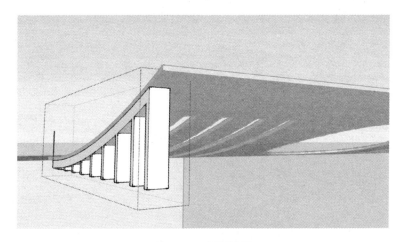

图 11-42　屋顶全貌

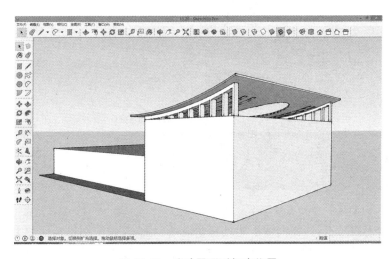

图 11-43　移动屋顶到相应位置

## 11.3.2　双曲面屋顶的建模

体育馆部分的双曲面屋顶建模方法与单曲面屋顶部分建模原理基本相同,操作流程稍微复杂一些,对带曲线的面进行推拉即可。曲面屋顶的绘制主要利用曲线工具和推拉工具完成。

(1) 尺寸定位。单击尺寸标注工具,在基本体块中沿红轴方向标注一个3271 mm的尺寸,使用推拉工具,将基本体块拉伸3271 mm,如图11-44所示。

(2) 单击测量距离工具,以3271 mm终点的位置为起点,标记出两条距离8100 mm的线,如图11-45所示,基本体块标记完成。

(3) 删除图11-45中的第一根测量距离的线,单击曲线工具,在该矩形内以第二根测量距离的线为分割线画出两条半径分别为156809 mm和44974 mm的圆弧,如

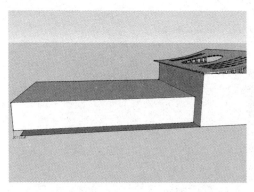
图 11-44 尺寸定位

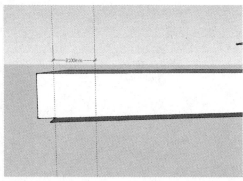
图 11-45 标记体块

图 11-46 所示。

（4）选中上一步中画好的曲线，单击偏移工具使两条曲线均向下偏移 400 mm，如图 11-47 所示。

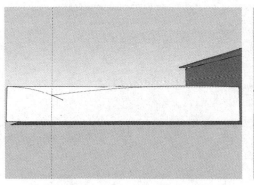
图 11-46 绘制圆弧

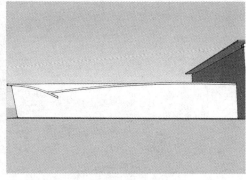
图 11-47 偏移曲线

（5）单击擦除工具，将曲线上边的多余线条删除，并按照图纸所示修改一边的线条。单击推拉工具，再单击 Ctrl 键将该曲面中的图形拉伸 39300 mm，如图 11-48 所示，屋顶曲面两边各悬挑出 1900 mm，如图 11-49 所示。

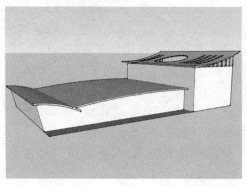
图 11-48 拉伸曲面

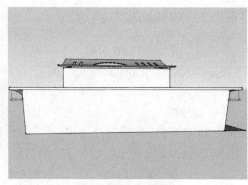
图 11-49 悬挑曲面

## 11.4 悬索构件建模

屋顶悬索的绘制需用到路径跟随工具,位置在大工具栏中间。

(1)单击圆形工具,根据图纸上给出的尺寸画一个直径为 800 mm 的圆,如图 11-50 所示。然后使用直线工具,以刚刚画的圆的圆心为起点,画一条半径,如图 11-51所示。

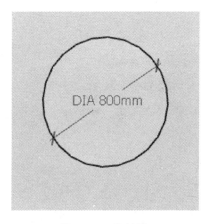

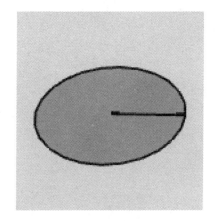

图 11-50 绘制圆　　　　　　　　　　　　　图 11-51 绘制半径

(2)使用直线工具,以圆心为起点,沿 $z$ 轴方向绘制一条长 387500 mm 的垂线,以刚刚所画的直线为一直角边,继续使用直线工具画一个直角三角形,如图 11-52 所示。

(3)用鼠标左键选中圆的边线,如图 11-53 所示,然后单击工具栏中的路径跟随工具,选中三角形这个面,单击完成路径跟随,圆锥完成,即竖杆完成,如图 11-54 所示。

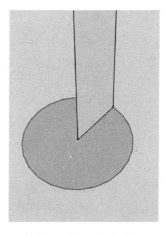

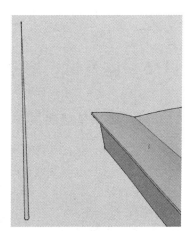

图 11-52 绘制　　　　　图 11-53 选择边线　　　　　图 11-54 完成竖杆

直角三角形

（4）使用移动工具，将竖杆移动到图纸上所示的位置摆放。按照步骤 3，绘制出斜杆，如图 11-55 所示，其整体效果如图 11-56 所示。

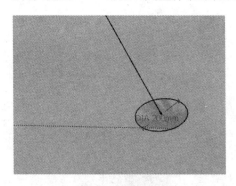

图 11-55　绘制斜杆

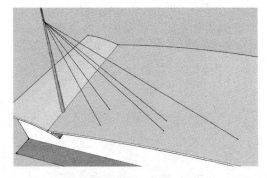

图 11-56　悬索绘制完成

（5）将步骤 4 中得到的一组悬索创建成组件，然后使用移动复制命令，将悬索复制成四组，得出如图 11-57 所示的屋顶。

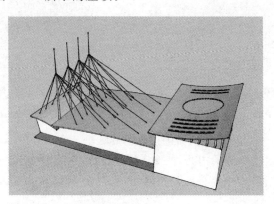

图 11-57　复制悬索

## 11.5　体育馆门窗建模

### 11.5.1　玻璃幕墙建模

在建筑南立面有大片的玻璃幕墙，宜将之单独拿出来创建。其建模原理与带分格的大玻璃窗的建模原理相同。

（1）确定玻璃幕墙外形。选中南立面屋顶下的墙面，将整面墙面创建为组件，选中组件，然后复制一份到空白处进行编辑。幕墙左右形式不同，故划分为两部分，分别创建组件编辑，如图 11-58 所示。

（2）选中右侧玻璃幕墙，双击进行编辑。选中面，使用推拉工具，向外拉伸100 mm，使幕墙具有一定的厚度，如图 11-59 所示，然后删掉第一层的面，如图 11-60 所示。

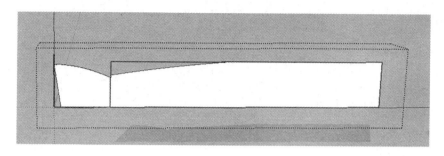

图 11-58 创建组件

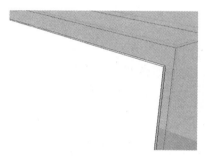

图 11-59 拉伸幕墙

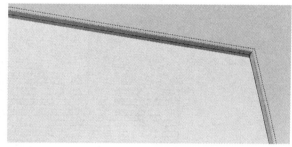

图 11-60 删除面

（3）创建幕墙横梃。在内边缘使用矩形工具绘制一个边长为 50 mm 的正方形，注意不要紧贴边缘绘制。全选平面，右键选择"创建组件"，出来一个对话框，输入名称"横梃 1"。双击该组件对其进行编辑，使用推拉工具推拉 47900 mm，如图 11-61 所示。

（4）使用移动工具将组件移动到内部边缘处，单击 K 键打开后边线模式，如图 11-62 所示；使用移动工具并按住 Ctrl 键将其复制平移到另一端点处，输入"/21"，再单击 Enter 键，显示幕墙被等分，如图 11-63 所示。

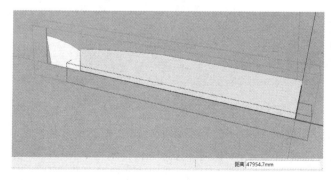

图 11-61 绘制横梃

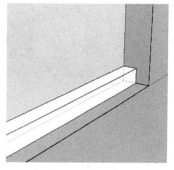

图 11-62 后边线样式

（5）修改幕墙横梃长度，将上部突出幕墙的横梃修改至墙面范围内。选择需要修改的横梃组件，右键选择"设置为自定项"，然后双击进入组件编辑模式，使用推拉

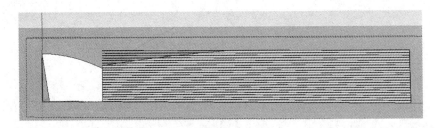

**图 11-63　复制横梃**

工具将组件的长度推拉到墙面范围之内，如图 11-64 所示。同时，使用缩放命令也可对单个组件进行调整。

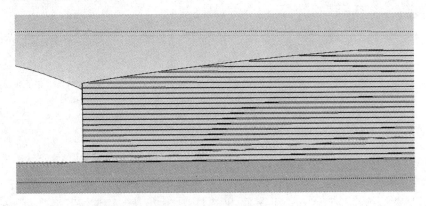

**图 11-64　修改横梃长度**

（6）添加材质。使用材质工具，选择"半透明安全玻璃"材质对幕墙玻璃面进行填充，选择"金属"材质对幕墙横梃进行填充，如图 11-65 所示。

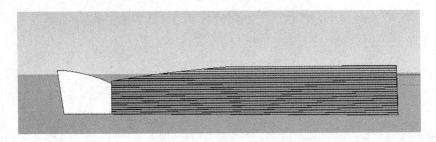

**图 11-65　添加材质**

（7）左边幕墙的绘制与右边大致相同，只不过还需添加竖梃。先确定幕墙形状，再按立面图示进行幕墙分割，推拉幕墙部分，步骤与第 1 步相同，结果如图 11-66 所示。

（8）创建横梃。创建截面为 50 mm×50 mm，长度为 9200 mm 的横梃，竖向复制 8 个，调整各部分大小，步骤同第 3 步、第 4 步、第 5 步，效果如图 11-67 所示。

（9）添加竖梃。使用旋转工具并按住 Ctrl 键将中间的横梃进行复制旋转 90°。

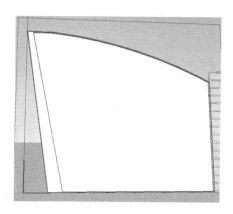

图 11-66　添加竖梃

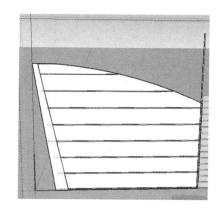

图 11-67　创建横梃

使用移动工具将其移动到顶端,如图 11-68 所示。

（10）选择组件,向左边复制,间距为 1200 mm,数量为 7,然后依次调整竖梃长度。右键点击该组件选择"设置为自定项",使用推拉工具调整竖梃长度,如图 11-69 所示。

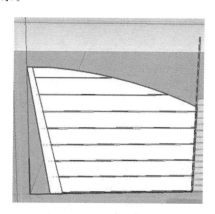

图 11-68　添加竖梃

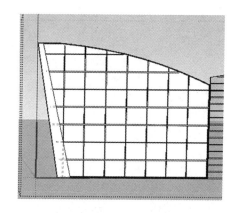

图 11-69　调整竖梃长度

（11）最后赋予材质,步骤同第 6 步,效果如图 11-70 所示。

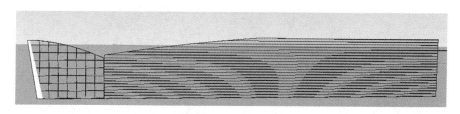

图 11-70　赋予材质

（12）选择原墙面,将完成的幕墙移动到合适位置,删掉多余部分,如图 11-71 所示。若发现无法看到内部空间,则是因为之前在外部创建组件时是复制创建的,应直接选中这个面,然后删除掉,就能看到幕墙的材质和内部了。

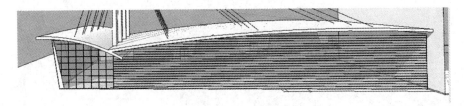

图 11-71　完成幕墙制作

(13) 实体外墙建模。按照案例建筑立面图效果,在幕墙上部还存在部分装饰性不规则墙体,考虑到南北立面墙体形态完全对称,我们宜将这部分不规则的墙体连同幕墙一起创建出来,这样另一个立面的建模就很便利了。

按照立面图尺寸,画出一个 13400 mm×6850 mm 的矩形,创建成组件。然后按照图纸上的尺寸进行分割,使用推拉工具使其具有一定厚度,形成装饰性墙体,如图 11-72 所示。其他部件建模相同,将创建好的墙体赋予材质,并按照立面图所示,将其移动到相应位置,最后结果如图 11-73 所示。

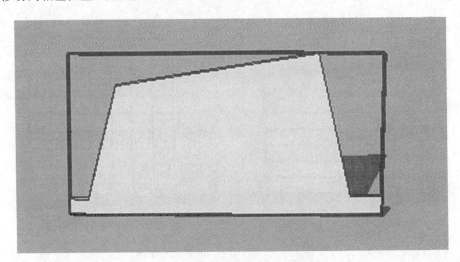

图 11-72　绘制装饰性墙体

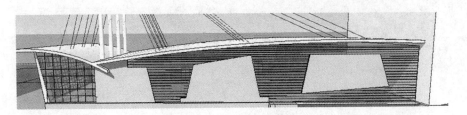

图 11-73　完成实体外墙建模

将幕墙与装饰墙的部分,配合 Shift 键全部选中,将之创建成组件。复制该组件,移动到北立面上,使用缩放工具,选择中心点缩放,在下方输入框输入比例值"−1",即可完成镜像命令。将多余部分删掉,北立面部分即大致完成。其余各立面的幕墙及立面造型建模与上述方法及步骤相同。

### 11.5.2　不规则立面门窗建模

体育馆窗户的绘制与玻璃幕墙、门窗绘制原理相同,部分横向或竖向长窗只需要对基本窗单元进行复制和拉伸即可。

对于大批量同尺寸的窗户,可以利用组件的特性,创建组件,然后进行多重复制,复制后的窗会自动在墙面开出窗洞。同样的方式也可用于制作室内的筒灯,放置筒灯到吊顶上,会在吊顶上自动开洞。同时使用测量工具,绘制参考线便于定位。

使用移动工具及 Ctrl 键,快速复制出墙面分割线。门窗可以等建筑形体建模完成后再绘制,将所有门窗编入一个群组。由于群组的重要性,门窗和建筑墙体一定不要有粘连,便于后期修改。

对于形态相同但尺寸不同的窗户,可以将现有的窗户进行复制,然后使用缩放工具对其大小进行调整。

(1) 使用矩形工具在墙面上绘制 880 mm×980 mm 的矩形,然后单击右键将其建为组件,如图 11-74 所示。

(2) 使用偏移工具,将矩形向内偏移 25 mm,然后使用推拉工具,将中间矩形向内推拉 80 mm,如图 11-75 所示。创建窗户时,一个较好的习惯是拉出窗框的体量和玻璃的内凹感觉,相较于平面玻璃材质,这对模型的表现力起很大作用。

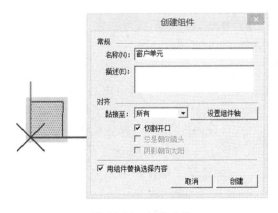

图 11-74　创建组件

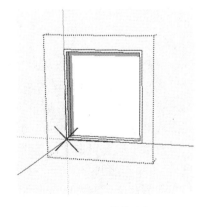

图 11-75　推拉窗框

(3) 使用材质工具,为窗框和玻璃添加材质,效果如图 11-76 所示。

(4) 通过复制和排列,可以组合出窗户的样式。双击组件,进入编辑模式,全选窗户单元,使用移动工具,按住 Ctrl 键,向上复制窗户单元,如图 11-77 所示。

(5) 重复上一步,选中两个单元,一起向上复制 9 个,如图 11-78 所示。

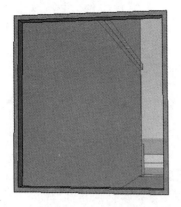

图 11-76　赋予材质

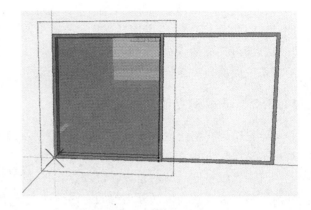

图 11-77　复制窗户单元(1)

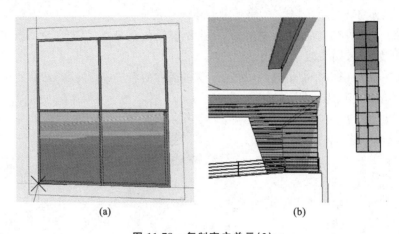

(a)　　　　　　　　　　　　　　(b)

图 11-78　复制窗户单元(2)

(a) 复制窗户；(b) 复制 9 个窗户单元

参照上述步骤,可以画出其他各建筑立面的窗户。

(6) 窗户形式与墙体的关联更新。在建模过程中,除了平面窗户外还有许多种窗户形式需要构建,如外飘窗、内凹窗、向外倾斜的窗户等。对于创建了组件的窗户,其实质是附着于平面(墙面)的图元,因此在我们对墙面作出相应部分的更改时,就要同时对墙上的窗户也进行更改。以本案例中东立面外斜向窗户为例,在已创建好的窗边,沿墙上绘制一个矩形,选中矩形上边线,使用移动工具将之向外拉,可以看到窗户也顺着凸出来的墙面自动延展更新形式,如图 11-79 所示。

## 11.6　体育馆室外楼梯、平台及花池建模

室外楼梯在建筑主体部分建模结束后开始建造,室外楼梯(或室外平台)建成后将其做成一个组件,并将其放在相应的位置。以案例建筑的南立面入口处室外楼梯、带坡道台阶为例,进行三维建模示例,主要用到的工具为推拉工具和组件工具。

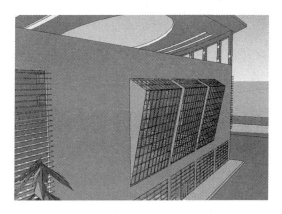

**图 11-79　绘制外斜向窗**

### 11.6.1　边缘坡道和平台构建

（1）坡道建模。绘制一个 18000 mm×2000 mm 的矩形，使用推拉工具向上推拉 2510 mm，然后按照立面图纸进行分割，使用推拉工具，删掉多余部分，创建出斜面，并创建为组件，如图 11-80 所示。

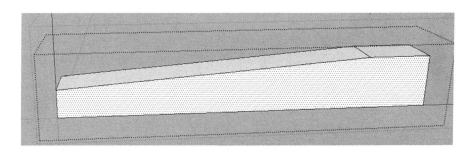

**图 11-80　坡道建模**

（2）平台建模。使用矩形工具创建一个 3400 mm×2350 mm 的矩形，使用推拉工具向上推拉 1350 mm，将长方体建为组件，再将其移到合适位置，效果如图 11-81 所示。

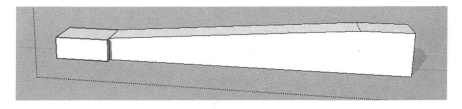

**图 11-81　平台建模**

### 11.6.2　室外楼梯建模

（1）使用矩形工具创建一个 3400 mm×350 mm 的矩形,再使用推拉工具向上推拉 193 mm,将形成的长方体建为组件（创建为组件既有利于之后对梯段的修改,也有利于之后扶手、栏杆的建模）,如图 11-82 所示。

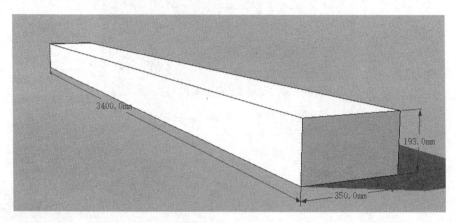

**图 11-82　绘制长方体**

（2）使用移动工具,按住 Ctrl 键,将前一步建好的长方体复制至其对角,如图 11-83所示。

（3）使用移动工具,并按住 Ctrl 键,输入" * 6",复制 6 份,结果如图 11-84 所示。

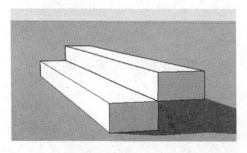
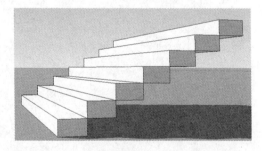

| 图 11-83　复制长方体 | 图 11-84　复制 6 份长方体 |

（4）使用移动工具调整模型,选择下边线的一个端点移动至与上边线重合,使之下部平整,如图 11-85 所示。

（5）点击楼梯踏步组件进入组件编辑状态,在距离边线两边各 50 mm 的位置使用矩形工具绘制 50 mm×50 mm 的矩形,并将之创建为组件,如图 11-86 所示。

（6）双击进入栏杆组件编辑状态,使用推拉工具向上拉伸 1100 mm,如图 11-87所示。

（7）在栏杆上部绘制一个 50 mm×50 mm 的矩形,并将之创建为组件,如图 11-88所示。

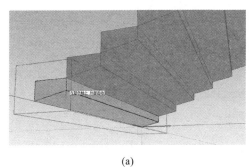

(a)

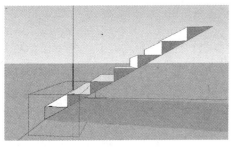

(b)

**图 11-85 平整楼梯**

（a）移动下边线端点；（b）平整下部

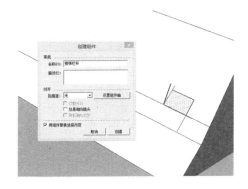

**图 11-86 创建组件**

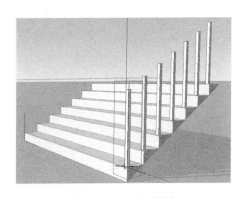

**图 11-87 绘制栏杆**

（8）使用直线工具，连接栏杆顶点，然后使用路径跟随工具选择平面和该直线，即可创建栏杆的扶手，如图 11-89 所示。将台阶各部分构件全部创建成组件，移动到合适的位置。

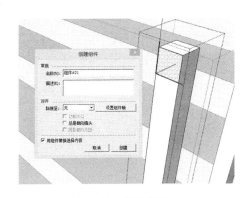

**图 11-88 创建组件**

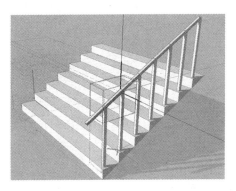

**图 11-89 绘制扶手**

### 11.6.3 栏杆扶手建模

（1）创建平台栏杆。室外台阶的栏杆高度一般为 1100 mm。使用移动工具并按住 Ctrl 键将"栏杆"组件复制移动到坡道下沿，然后复制到坡道顶部，输入"/4"，创建出所有栏杆，再复制一个栏杆构件至水平平台末端，如图 11-90 所示。

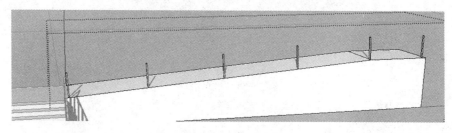

图 11-90　复制栏杆

（2）使用直线工具连接各栏杆顶面的一个端点，如图 11-91 所示。

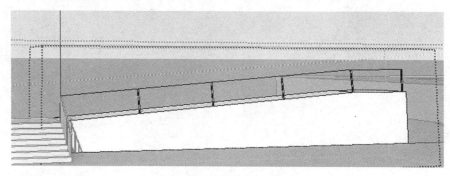

图 11-91　连接栏杆顶面

（3）使用矩形工具，以栏杆顶端为边长画出矩形，如图 11-92 所示。使用路径跟随工具，点击矩形按着直线路径跟随，形成斜向的栏杆。全选创建出来的栏杆，右键选择"创建组件"，出来一个对话框，输入名称"平台栏杆"，如图 11-93 所示。

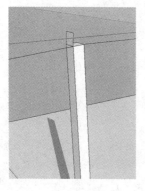

图 11-92　绘制矩形

图 11-93　创建组件

（4）向下复制栏杆构件，以满足栏杆的造型需求，如图 11-94 所示。

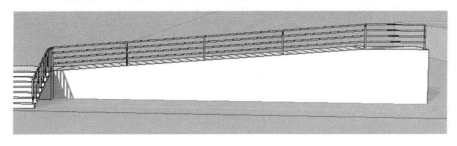

图 11-94　向下复制栏杆

### 11.6.4　花池建模

花池通常位于楼梯、台阶、平台的侧面，运用推拉工具和偏移工具即可创建花池，步骤如下。

（1）使用矩形工具，创建一个 3000 mm×620 mm 的矩形，双击选中，将其设为组件，然后使用推拉工具，向上拉伸 1500 mm 的高度，如图 11-95 所示。

（2）选择模型的顶面，使用偏移工具向内偏移 100 mm，然后使用推拉工具向内推移 250 mm，花池即建造完成，如图 11-96 所示。

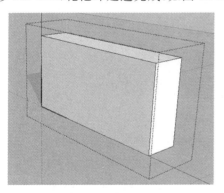
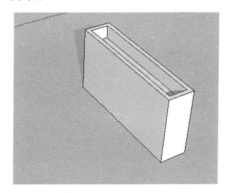

图 11-95　拉伸体块　　　　　　　　图 11-96　完成花池建造

（3）将花池移动至楼梯侧面，楼梯平台部分创建完成，将整体建成组件，移动至建筑模型中，结果如图 11-97 所示。

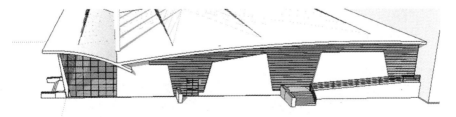

图 11-97　将花池移动至建筑模型中

（4）剩余部分楼梯、平台等附属构件的建模与上述方法相同，在此不再赘述。

## 11.7 体育馆模型整体后期处理

**1. 模型后期构图原则**

建模完成后,可以参照下面几点对建筑模型进行场地和配景模型构建,完成空间视觉效果的后期处理,为渲染和导图做好基础准备工作。

(1)视点的高低——总平面透视图采用高视点,一般建筑效果图用路人视点或略高于路人视点。

(2)透视形式的选择——两点透视(建筑或室内都会用到,一般用两点透视消除竖向线条的倾斜,线条更挺直,画面更稳重),画面更生动。

(3)根据视点调整组件的分布,形成均衡变化的画面——增加或删除组件,避免重叠、遮挡,调整组件的体量和分布的疏密,使其产生自然的变化,调整组件在画面中的分量,使画面均衡。

(4)画面横竖方向构图、高宽比例要合适,根据画面整体色调,调整材质色彩的色相、饱和度、明度,避免色彩纯度过高或太灰暗。

**2. 创建场地**

综合使用矩形工具、直线工具和曲线工具,可以较为方便地创建场地,再使用材质工具为其赋予一定的地面材质,如图 11-98 所示。具体操作步骤可参见第十章,在此不再赘述。

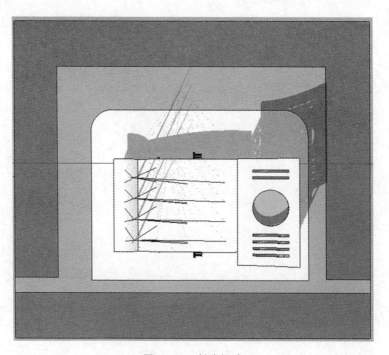

**图 11-98 创建场地**

### 3. 赋予材质和色彩

在依上述步骤建完模型后，即可使用材质及色彩工具为建筑添加相应材质，如图 11-99 所示。

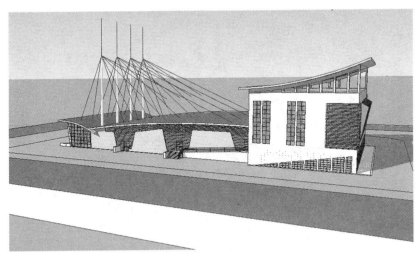

**图 11-99　赋予材质和色彩**

### 4. 建筑配景及建筑小品的布置

最后可以使用 SketchUp 自带的组件库来插入组件，以达到装饰的目的。打开"窗口"→"组件"，选择路灯、汽车、乔木、人等组件插入到模型中，整个模型构建完成，如图 11-100 所示。

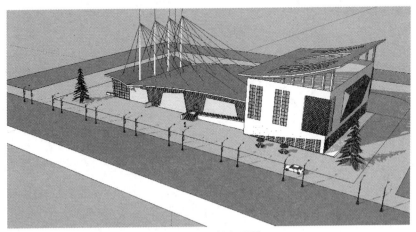

**图 11-100　添加配景**

### 5. 渲染及导图

使用 V-Ray 渲染工具可以为建好的三维建筑模型进行渲染处理，具体操作步骤参见前面三个章节的详述。渲染完成后，导出建筑效果图，如图 11-101 所示。

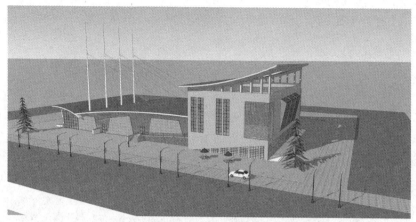

图 11-101  导出图像

## 【本章小结】

| | |
|---|---|
| 体育馆建筑识图案例分析 | 1. 体育馆建筑平面图、立面图、剖面图的识图和读图训练。<br>2. 根据读图对建筑的空间进行三维模型空间形体预解构。 |
| 体育馆基础体块建模 | 1. 通过使用 SketchUp 建模直线和推拉工具,实现对建筑基本空间体块的建模。 |
| 曲面屋顶建模 | 1. 利用带曲线的平面,使用推拉工具形成曲面。<br>2. 使用模型相交工具,创建曲面屋顶上的开洞。<br>3. 屋顶支架模型的构建。<br>4. 单曲面屋顶的建模。<br>5. 双曲面屋顶的建模。 |
| 悬索构件建模 | 使用路径跟随工具和组件工具实现从单个悬索到多个悬索构件模型的建立。 |
| 门窗建模 | 1. 大面积玻璃幕墙建模与曲面划分。<br>2. 窗户厚度与窗格纵横边框的建模。<br>3. 幕墙中嵌入实体外墙的建模。<br>4. 利用组件的特性,进行大批量同尺寸的窗户的建模。<br>5. 赋予幕墙材质和色彩。 |
| 其他附属构件建模 | 1. 室外楼梯建模。<br>2. 室外平台建模。<br>3. 栏杆扶手建模。<br>4. 花池建模。 |

续表

| 体育馆模型整体后期处理 | 1. 模型后期构图原则。 |
| | 2. 创建场地和配景模型。 |
| | 3. 材质和色彩。 |
| | 4. 渲染及导图。 |

【思考题】

1. 进行三维建模前,对建筑的空间形体预解构需要分析哪些内容?

2. 使用模型相交工具进行屋顶支架模型的构建有哪些步骤?

3. 建立单曲面屋顶体块模型有哪些步骤?

4. 单曲面屋顶的建模和双曲面屋顶的建模有哪些方法是相同的?

5. 如何使用路径跟随工具和组件工具实现从单个悬索到多个悬索构件的模型建立?

6. 大面积曲面玻璃幕墙的建模有哪些主要操作步骤? 如何划分不同曲面?

7. 幕墙中嵌入实体外墙的建模有哪些步骤? 大批量同尺寸的窗户的建模如何实现?

8. 针对室外楼梯和栏杆扶手的建模有哪些常用工具?

9. 针对建模三维模型的整体后期处理有哪些构图原则?

【练习题】

1. 使用 SketchUp 建模工具对本章体育馆建筑案例进行三维建模实训。

2. 赋予建筑模型合适的材质和色彩,并配设场地和场景效果。

3. 导出 jpg 格式的本章案例建筑模型的四张以上立面图,两张以上鸟瞰图和人视图。

# 参 考 文 献

[1]  韩高峰.SketchUp 8.0 入门与提高[M].北京:人民邮电出版社,2013.

[2]  邱婷婷.48 小时精通 SketchUp 8 中文版草图大师建模设计技巧[M].北京:电子工业出版社,2013.

[3]  李波.SketchUp 8.0 草图大师从入门到精通[M].北京:机械工业出版社,2014.

[4]  陈李波,李容,卫涛.草图大师 SketchUp 应用:七类建筑项目实践[M].武汉:华中科技大学出版社,2016.

[5]  全国大学生先进成图技术与产品信息建模创新大赛组委会编.全国大学生先进成图技术与产品信息建模创新大赛试题及答案汇编,2015.

[6]  张岩.建筑工程制图[M].3 版.北京:中国建筑工业出版社,2013.

[7]  陈文斌,顾生其.建筑工程制图[M].6 版.上海:同济大学出版社,2015.